Fabian Kosenitzky

Kunde ist König, aber nicht Gott!

FABIAN KOSENITZKY

Kunde ist König, aber nicht Gott!

Wie Kundenservice richtig geht

DEUTSCHE LITERATURGESELLSCHAFT

Die Deutsche Nationalbibliothek verzeichnet diese Publikation in der Deutschen Nationalbibliografie; detaillierte bibliografische Daten sind im Internet über dnb.dnb.de abrufbar. Die Schweizerische Nationalbibliothek (NB) verzeichnet aufgenommene Bücher unter Helveticat.ch und die Österreichische Nationalbibliothek (ÖNB) unter onb.ac.at.

Unsere Bücher werden in namhaften Bibliotheken aufgenommen, darunter an den Universitätsbibliotheken Harvard, Oxford und Princeton.

Fabian Kosenitzky:
Kunde ist König, aber nicht Gott!
ISBN: 978-3-03831-264-2

Grafik und Illustration: Fenja Vollmannshauser-Fischer

Lektorat: Manfred Enderle, www.manfred-enderle.de
E-Mail: manfred.enderle@gmx.de

Buchsatz: Danny Lee Lewis, Berlin: dannyleelewis@gmail.com

Deutsche Literaturgesellschaft ist ein Imprint der
Europäische Verlagsgesellschaften GmbH
Erscheinungsort: Zug

Sie finden uns im Internet unter: www.Deutsche-Literaturgesellschaft.de

Inhalt

Das Warum …

Ihr aber seht und sagt: Warum?
Aber ich träume und sage: Warum nicht?

(George Bernard Shaw)

Zu Beginn möchte ich eine Sache klären. Das Buch ist so gestaltet, dass der/die Leser/in mit mir auf eine Reise geht. Auf eine Reise in die Welt der Kommunikation und des Kundenservices und was passiert, wenn wir falsche Entscheidungen in unserer Kommunikation treffen (falsch kommunizieren) und wie diese Entscheidungen Einfluss auf den Kundenservice nehmen und was wir anders machen können, um weniger falsche Entscheidungen zu treffen. Des Weiteren will ich verdeutlichen, dass die Inhalte, die vermittelt werden, in erster Linie auf zwischenmenschliche Beziehungen aufbauen und auch dort zum Einsatz kommen. Dort wo wir beim Kauf und Verkauf ausschließlich digital agieren, sind viele meiner Erkenntnisse nicht anwendbar.

Bevor es nun losgeht, habe ich eine Bitte. Darf ich »Du« sagen (respektive schreiben)? Ist das in Ordnung?

Okay, dann legen wir los.

Herzlichen Dank dafür, dass Du Dich dazu entschlossen hast, mein Buch zu kaufen und sogar zu lesen. Das freut mich sehr.

Kennst Du auch diese Situation, in der Du mit anderen Menschen sprichst, etwas sagst und dann auf Entsetzen stößt, ein Streit oder ein Konflikt entfacht wird? Du Dir die Frage stellst, was habe ich denn gesagt, oder nicht gesagt, was dazu geführt hat? Was habe ich falsch gemacht?

Oder kennst Du Situationen bei Dir, und vielleicht auch bei Deinen Arbeitskollegen/innen, in denen Du Dich in einer devoten Haltung gegenüber Deinen Kunden wiederfindest? Und der Druck, Deinen Kunden zufriedenstellen zu wollen, so groß ist, dass Du jeden Wunsch erfüllst, auch wenn der eine oder andere Wunsch gar nicht Bestandteil des Auftrags ist? Du Dich gefangen fühlst, als wärest Du in einem Käfig eingesperrt und der Schlüssel zum Öffnen der Tür nur wenige Meter vor Deinem Käfig liegt. Doch Du erreichst ihn nicht.

Ich kenne diese Situationen nur zu gut und habe sie selbst durchlebt und ich habe Kollegen gesehen, die ebenfalls sich in diesen Situationen befunden haben. Ich habe erlebt, wie gestandene Persönlichkeiten mit viel Lebens- und Berufserfahrung in ein Verhalten gerutscht sind, welches sie klein gemacht hat. Welches sie dazu verleitet hat, ohne Gegenwehr sich in eine devote Haltung zu begeben und wie ein Bediensteter zu allem und jedem ja und Amen zu sagen.

Wenn Du das kennst, stimmst Du mir sicherlich zu, dass es sehr energieraubend ist, Streitigkeiten und Konflikte zu schlichten, wo es unterm Strich gar nichts zu streiten gab. Gegen sich selbst zu kämpfen, um aus der devoten Haltung zu gelangen und wieder auf Augenhöhe mit seinen Mitmenschen zu stehen. Ich habe mir irgendwann die Frage gestellt, woran das liegen mag, dass ich in Situationen geraten bin, in denen ich devot jedem meiner Kunden sämtliche Wünsche erfüllen wollte und dabei mir selbst geschadet habe und wie kann ich es verhindern, wieder in solche Situationen zu geraten. Und warum nicht nur ich, sondern auch andere Menschen in solche Situationen geraten? Die Antworten auf meine Fragen sind in diesem Buch niedergeschrieben und ich hoffe, dass sie auch Dir helfen, so wie sie mir geholfen haben, besser und richtiger mit unseren Kunden umzugehen und dabei gesund zu bleiben.

Was ich vorwegnehmen kann, ist, dass nur die wenigsten Menschen von Natur aus, oder durch eine spezielle Ausbildung, in der Lage sind, derartige Situationen – wie eben beschrieben – zu verhindern und zu umgehen. Die meisten Menschen können das (noch) nicht, weil ihnen wertvolles Wissen fehlt. Das Wissen über Kommunikation. Genauer gesagt, das Wissen darüber, wie ich richtig mit meinen Mitmenschen kommuniziere und umgehe, wie ich mich richtig mitteile und dabei auch richtig verstanden werde. Wie ich meine Mitmenschen richtig verstehen kann und richtig auf sie eingehe.

Wenn ich zurückblicke, dann muss ich feststellen, dass ich weder in der Schule noch in meinen Berufsausbildungen Kommunikation als Fachthema hatte. Erst in meinem Studium wurden mir in einem Nebenfach die Grundlagen der Kommunikation vermittelt. Wobei auch hier der Fokus eher darauf lag, wie ich richtig Vorträge oder Präsentationen halte, wie meine verbale und non-verbale Sprache Einfluss auf meine Außenwirkung als Vortragender hat und weniger darauf, das Wissen über Kommunikation in Gesprächen anwenden zu können. In der Schule lernen wir zwar Sprachen, wie Englisch, Spanisch, Latein oder Französisch, jedoch nicht, wie ich richtig kommuniziere.

Ich möchte es schaffen, dass wir mit- und untereinander besser und vor allem richtig kommunizieren. Dass in den Kitas, in den Schulen, es spezielle Unterrichtseinheiten gibt, die sich auf das WIE in der Kommunikation konzentrieren und damit die Grundlage geschaffen wird, dass es weniger Streit, Missverständnisse und körperliche Konflikte gibt.

Wenn Du das genauso siehst, dann bist Du hier genau richtig und gemeinsam gehen wir auf eine Reise, um die Welt ein Stückchen besser zu machen.

Der Titel meines Buches »Kunde ist König, aber nicht Gott« ist für mich ein Lebensmotto geworden. Ich habe selbst erlebt, was meine falsche Perspektive und Kommunikation mit mir und meinem Umfeld angestellt hat. Insbesondere in und durch mein Berufsleben. Ich habe herausgefunden, dass Privates und Berufliches in der Kommunikation viele Gemeinsamkeiten haben. In erster Linie dreht sich unsere Kommunikation immer um eines, unseren Kunden, und wie kann ich meinem Kunden richtig dienen. Du wirst im ersten Drittel eingeladen, mein Verständnis vom Kunden zu erfahren. Welches Wissen Du benötigst, um mit Deinem Umfeld (Kunden) zu kommunizieren. Im zweiten Drittel befassen wir uns damit, was passieren kann, wenn ich das notwendige Wissen nicht habe und falsch kommuniziere. Im letzten Drittel erfährst Du, WIE es richtig gehen kann.

Der Bogen ist nun genug gespannt. Lass uns den Pfeil abschießen. Viel Spaß beim Lesen.

Alles beginnt mit ...

Gib jedem Tag die Chance,
der schönste Deines Lebens zu werden.
(Mark Twain)

Im Kundenservice beginnt alles damit, sich mit den Fragen zu beschäftigen, wer sind meine Kunden? Wie gewinne ich Kunden? Was bedeutet Kundenorientierung? Wie binde ich meine Kunden an mich? Wie kann ich meine Kunden begeistern? Wie halte ich die Beziehung aufrecht? Wie kommuniziere ich? Und so weiter und so weiter ... Ja, aller Anfang ist schwer. Und lass Dir gesagt sein, die oben genannten Fragen sind nicht nur am Anfang zu klären. Nein. Es empfiehlt sich, sich in regelmäßigen Abständen die Fragen erneut zu stellen und zu beantworten. Vielleicht hat sich Dein Kundenstamm geändert. Vielleicht hat sich Dein Kundenservice geändert. Vielleicht haben sich Deine Interessen oder die Deines Arbeitgebers verschoben. Oder sogar die Interessen Deiner Kunden. Vielleicht legen sie nach einer Weile auf andere Dinge mehr wert als früher. Kundenservice ist und wird nie statisch sein können. Solange es Branchen gibt, in denen Menschen miteinander arbeiten, wird Kundenservice immer dynamisch sein. Warum? Weil wir als Mensch dynamisch sind. Wir durchleben stetige Veränderungen, sei es private Veränderung, wie Heirat, die Geburt des ersten Kindes oder Schicksalsschläge. Auf der anderen Seite stehen auch berufliche Veränderungen. Der Beginn mit der Ausbildung oder des Studiums, dann der erste Job. Nach einigen gesammelten Erfahrungen der 2. Job oder höherwertige Aufgaben oder Beförderungen. Du siehst, solange wir als Mensch dynamisch bleiben, wird auch unser Kundenservice dynamisch bleiben, weil wir in jeder Phase unseres Lebens uns als Mensch weiterentwickeln und verändern, mit neuen Interessen, Zielen, Wünschen und Erwartungen.

Das ist der Grund, warum Kundenservice so hochkomplex ist und mir so viel Spaß bereitet. Jeder Tag ist ein neuer Tag und ein anderer Tag. Ein Kunde kann sich heute so verhalten und morgen so. Abhängig davon, was er erlebt hat und in welcher Veränderung er sich befindet. Kundenservice vereint aus meiner Sicht viele interessante Dinge. Zum einen die Möglichkeit, viele Menschen kennenlernen zu dürfen, die Leidenschaft zu leben anderen Menschen zu dienen und sie dabei zu begleiten, wie sie ihre Ziele erreichen. Zum anderen die Möglichkeit, mehr über Kommunikation, Verhaltenspsychologie zu erfahren und sehr viel über sich selbst.

Beginnen wir nun damit uns einige der genannten Fragen zu beantworten.

Was heißt »kundenorientiert«?

Handle im Interesse Deines Kunden,
ohne Deine eigenen Interessen zu vernachlässigen/verlieren.
(Fabian Kosenitzky)

Wenn wir uns den Begriff »kundenorientiert« genauer betrachten, so stellen wir fest, dass sich der Begriff aus dem Wort »Kunden« und »orientiert« zusammensetzt. Den »Kunden« schauen wir uns im folgenden Kapitel genauer an. Widmen wir uns dem Wort »orientiert« oder »Orientierung«. Die Bedeutung von »orientiert« oder »Orientierung« ist interessant, weil die Bedeutung im deutschsprachigen Raum (Deutschland, Österreich, Schweiz) unterschiedlich ist. Insbesondere zwischen Deutschland und der Schweiz ist die Bedeutung sehr unterschiedlich und könnte zu Missverständnissen führen, wenn sich Deutsche mit Schweizern unterhalten. Betrachten wir uns das genauer und prüfen, was »Orientierung« genau bedeutet. In Deutschland können wir »Orientierung« gleichsetzen mit »sich an etwas ausrichten, entlanghangeln«, oder »sich zurechtzufinden (innerhalb einer Ortschaft)«. Für die Schweizer bedeutet »Orientierung« »jemanden in Kenntnis setzen, unterrichten«, »sich einen Überblick verschaffen, sich erkundigen«. Wenden wir uns der deutschen Bedeutung zu. Ich verstehe das so, wenn ich kundenorientiert handeln möchte, dann richte ich mich am Kunden aus. Ich betrachte die Vorgaben des Kunden als Richtungsweiser, um für den Kunden die bestmögliche Lösung zu finden und nicht als Dogma oder Anweisung.

Doch mir ist in den letzten Jahren bewusst geworden, dass die oben genannten Bedeutungen konträr zur allgemeinen Haltung und dem Verständnis stehen, was wir unter dem Begriff »kundenorientiert« assoziieren. Ich habe die Erfahrung gemacht, dass sich viele Menschen eben nicht an einem Kundenwunsch orientieren, um die bestmögliche Lösung für den Kunden zu finden, sondern eher eine Schwarz-Weiß-Betrachtung an den Tag legen, oder legen müssen und den Kundenwunsch einfach abarbeiten, ohne nach besseren Lösungen zu suchen. Ich sehe das so, wenn mir ein Kunde seinen Wunsch mitteilt, dann orientiere ich mich daran, was er möchte und welches Ziel er erreichen möchte. Auf dem Weg meiner Dienstleistung prüfe ich verschiedene Optionen und gehe mit meinem Kunden in den Dialog, um ihn darauf hinzuweisen, was geht und was nicht. Jedoch ist es so, dass oftmals nur eine Seite der Medaille gesehen wird und die, aus meiner Sicht, ebenso wichtige andere Seite in Vergessenheit gerät. Die eine Seite der Medaille zeigt die stumpfe Erfüllung des Kundenwunsches und die andere Seite der Medaille zeigt, wie ich die bestmögliche Lösung erarbeite. Wer sich nur die Seite der Medaille betrachtet, die die stumpfe Erfüllung des Kundenwunsches zeigt, arbeitet sehr einseitig mit seinem Kunden. Der Kunde gibt vor und wir erfüllen die Vorgabe. Es ist wie eine Einbahnstraße, die vom Kunden zum Kundenbetreuer führt. Es führt keine Straße zurück.

Eine kundenorientierte Kundenbetreuung besteht nicht aus einer Einbahnstraße. Es dreht sich nicht darum, als Kundenbetreuer nur zu geben und als Kunde nur zu nehmen. Um ein gesundes Verhältnis, ein Gleichgewicht zwischen Geben und Nehmen zu bekommen, müssen wir uns darüber im Klaren sein, dass Geben und Nehmen immer in Kombination und ausschließlich in beide Richtungen funktioniert. Nur so können wir wirklich kundenorientiert unterwegs sein, die Interessen unserer Kunden und unsere eigenen Interessen erkennen und nach ihnen handeln oder sie erfüllen.

Jedoch denkt der Großteil von uns anders, Kundenbetreuer sowie Kunden, und dieses Gedankenkonstrukt möchte ich mit meinen Erfahrungen durchbrechen und Deinen Blickwinkel erweitern.

Ich habe die Erfahrung gemacht, dass viele meiner beruflichen Wegbegleiter eine andere Definition von »kundenorientiert« hatten als ich. Vielleicht kommt Dir die folgende Ausführung bekannt vor.

Wenn wir kundenorientiert handeln und arbeiten, lassen wir uns durch unseren Kunden anweisen und leiten, wie unsere Dienstleistung erbracht werden soll. Ohne Ausnahme. Und wir sind einzig und allein Erfüllungsgehilfe anstelle eines guten Betreuers, der gleichzeitig auch Berater ist. Kurzum, tue das, was der Kunde sagt.

Nicht wortwörtlich, doch im Kontext entspricht dies, wie ich ausgebildet wurde, Kunden zu bedienen und der Antwort auf meine Frage, wenn ich Kollegen darauf angesprochen habe, was sie unter Kundenorientierung verstehen. Oft erhielt ich auch die Ergänzung »der Kunde hat (immer) recht«.

Wie ich schon eingangs erwähnt habe, sehen die meisten von uns nur in eine Richtung und betrachten die Wünsche des Kunden ausschließlich als Maß aller Dinge. Wir meinen, dass das kundenorientiert bedeutet, dabei vergessen viele von uns, dass unsere Kunden in der Regel mehr wollen als nur einen Erfüllungsgehilfen. Jeder Kunde wird sich darüber freuen, wenn er von seinem Kundenbetreuer eine bessere Lösung bekommen kann, die er selbst nicht auf dem Schirm hatte und dadurch einen Vorteil und einen Mehrwert erhält. Was ebenfalls nicht zu kurz kommen darf, sei es als Unternehmen oder als Kundenbetreuer in Person, so sind das die eigenen Wünsche, Interessen und Werte.

Ein Unternehmen, welches Produkte oder Dienstleistungen anbietet und in seinem Wertesystem eindeutig formuliert hat, dass es keine Geschäfte mit der Rüstungsindustrie macht und sich ausschließlich auf humanitäre Organisationen spezialisiert hat, leitet damit zwei Wege ein: 1. Dieses Unternehmen wird Mitarbeiter einstellen, die dieselben Werte vertreten und die Mitarbeiter werden sich für das Unternehmen voll reinhängen. 2. Die Kunden, die das Unternehmen bedient, leben ebenfalls dieselben Werte und fühlen sich dadurch gesehen, respektiert und wertgeschätzt. Sobald das Unternehmen seine Werte ändert oder gegen seine Werte handelt, also doch Kunden bedient, die außerhalb der humanitären Branche liegen, wird das Einfluss auf die Mitarbeitermotivation haben, weil diese sich nicht mehr zu 100 % mit dem Unternehmen identifizieren können und es wird Einfluss auf die Kunden haben. Langjährige Kunden gehen, weil sie sich in ihren Werten betrogen fühlen. Von daher ist es notwendig, dass die Interessen, Wünsche, Bedürfnisse und Werte der Kunden mit denen des Dienstleisters oder Lieferanten übereinstimmen.

Wenn wir unachtsam sind, laufen wir Gefahr, uns zu verlieren. Wir handeln »nur« noch durch äußere Einflüsse, sind reaktiv unterwegs und werden zum »Getriebenen«. Die Kunst besteht darin, die Interessen meines Kunden in Einklang mit meinen eigenen Interessen zu bringen. Wir tun das ja auch in anderen Situationen, also warum nicht auch bei/mit unserem Kunden.

Beispiel:

Als Arbeitnehmer haben wir WÜNSCHE und Interessen, die wir bei einem Arbeitgeber realisieren möchten. Die Höhe des Gehaltes, freie Arbeitszeit, die Umgebung des Arbeitsortes usw. Wir wählen unseren Arbeitgeber danach aus, inwieweit und in welcher Qualität unsere Wünsche und Interessen erfüllt werden. Im Laufe der Zeit ändern sich unsere Wünsche und Interessen. Dann fragen wir nach Gehaltserhöhung, mehr Urlaub usw. und bieten unserem Arbeitgeber dafür eine Gegenleistung, unsere Arbeitskraft, unser Wissen und unseren Wert für den Arbeitgeber.

Für mich bedeutet »kundenorientiert« die Freiheit zu besitzen, meine Interessen ebenfalls vorbringen zu dürfen. Die Interessen meines Kunden genau zu kennen, um wertbringend eine Win-Win(-Win) Situation zu erreichen.

Wer ist mein Kunde?

Qualität ist, wenn der Kunde zurückkommt
und nicht das Produkt.

(Dr. Günther Schreiber)

Schauen wir uns die Definition im Duden an, so bekommen wir folgendes:

1. Jemand, der (regelmäßig) eine Ware kauft oder eine Dienstleistung in Anspruch nimmt (und daher in dem Geschäft, in der Firma, bekannt ist).
2. a. (Gaunersprache) Landstreicher = Kundiger, Eingeweihter
   b. (umgangssprachlich, oft abwertend) Kerl, Bursche = ein übler Kunde

Der Duden verweist zum einen auf den wirtschaftlichen Kunden, der Ware oder Dienstleistung kauft und zum anderen auf Personen.

Ich stelle folgende Behauptung auf:

Wir sind umgeben von Kunden.

Was heißt das konkret?

Wir sind umgeben von privaten und geschäftlichen Kunden. Im privaten Bereich sind das unsere Familie, unser/e Lebensgefährte/in, unsere Kinder und unsere Freunde. Im geschäftlichen Bereich sind das zum einen die Kunden, die uns für eine Dienstleistung oder unsere Produkte beauftragen und bezahlen. Zum anderen sind das unsere Arbeitgeber, Arbeitskollegen und Abteilungen im Unternehmen, die auf unsere Zuarbeit oder wir auf deren Zuarbeit angewiesen sind, um ihre und unsere Dienstleistung zu erbringen. Denn es ist ein Irrglaube, daran festzuhalten, nur diejenigen als Kunden anzuerkennen, die für unsere Dienstleistung und unsere Produkte gewillt sind zu zahlen.

Wir alle werden sicherlich die Situation kennen, dass in einem Unternehmen oft ein gewisser Konkurrenzkampf herrscht und teilweise auch das Unverständnis, sich gegenseitig als Kunden anzuerkennen. Jede Abteilung ist daran interessiert, nur ihre eigenen Ziele zu erreichen, obwohl andere Abteilungen zu dieser Zielerreichung auch einen Teil beitragen können. Aufgrund dieser Ansicht wird zuerst auf sich selbst und seine Kunden und erst dann auf die Abteilungen und die Kollegen im Unternehmen geschaut. Der Grund dieser Situation liegt in der Regel in der Unternehmensführung, die nicht erkennt, dass nicht allein die Abteilungen und ihre Ziele zählen, sondern die Zusammenarbeit untereinander viel wichtiger ist, damit das Unternehmen in Gänze seine Ziele erreicht. Wenn die Unternehmensführung eine Philosophie erreicht, bei der sich jede Abteilung unterstützt, werden die Interessen, Wünsche sowie Anforderungen der Kunden optimal mit wenig Aufwand sowie Kosten erfüllt.

Wir halten fest, dass es enorm wichtig für uns ist, einzugestehen, dass es mehr als nur den einen Kunden gibt. Und wir sollten anfangen, uns gegenseitig auch so zu betrachten.

Wie gewinne ich Kunden für mich?

Wissen ist nicht genug, Du musst es anwenden.
Wollen ist nicht genug, Du musst es tun.

(Bruce Lee)

Wie gewinne ich Kunden für mich? Das ist eine gute Frage. Die Antwort darauf zielt weniger auf einen vertrieblichen Prozess ab, sondern vielmehr auf die zwischenmenschliche Beziehung und Bindung. Im Kundenservice liegt der Fokus darauf, den Menschen, der sich als Kunde präsentiert, für sich zu gewinnen. Sei es der Arbeitskollege, der Vorgesetzte oder der Endkunde selbst. Alles dreht sich darum, wie ich meinen Kunden gegenübertrete und wie ich mit ihm umgehe. Willst Du Deine Kunden für Dich gewinnen, sodass Deine Kunden Dich auch als Mensch mögen, Dir vertrauen, die Zeit mit Dir als angenehm empfinden und Dich immer gern um Hilfe und Unterstützung ansprechen? Dann gibt es einige Regeln, an die Du Dich halten solltest. Einige nennen es die »alte Schule«, ich nenne es »menschlich sein«.

Im Kundenservice kannst Du zweierlei Situationen ausgesetzt sein. 1.) Du beginnst einen Job im Kundenservice und bekommst von Deinem Arbeitgeber einen festen Kundenstamm zugeteilt, den Du ab sofort betreuen sollst. Deine neuen Kunden kennen Dich nicht und Du kennst Deine Kunden nicht. Also, wie stellst Du es an, dass a) Deine Kunden wissen, wer Du bist und b) sie Dich als neuen Servicemitarbeiter annehmen. 2.) Du arbeitest bereits im Kundenservice und bekommst aus der Abteilung Vertrieb die neugewonnen Kunden zugeteilt. Wie unter 1.) kennt der neue Kunde Dich noch nicht und Du Deinen neuen Kunden nicht. Wie gehst Du nun vor?

Für beide Situationen bekommst Du den richtigen Fahrplan, die richtige Strategie an die Hand, um Deine Kunden für Dich zu gewinnen. Nebenbei gesagt, was Du jetzt erfährst, ist nicht nur für den Umgang mit Deinen Kunden hilfreich, sondern auch für den Umgang mit anderen Menschen in Deinem Umfeld sehr zu empfehlen.

Regel Nr. 1 – Interessiere Dich aufrichtig für den anderen

Wer sich für andere interessiert, gewinnt in zwei Monaten mehr Kunden als jemand, der immer nur versucht, die Kunden für sich zu interessieren, in zwei Jahren.

Der Mensch, der sich für seine Mitmenschen nicht interessiert, hat im Leben oder Job die meisten Schwierigkeiten.

Wenn Du Vertriebserfahrung hast, kennst Du die 1. Regel sicherlich. Nur wenn Du aufrichtiges Interesse zeigst, indem Du interessante Fragen stellst, gibst Du Deinem Gegenüber das Gefühl von Anerkennung und er fühlt sich bedeutend. Denn es ist nun mal so, dass wir Menschen doch recht egoistisch sind – der Großteil zumindest – und wir uns ausschließlich für uns selbst interessieren. Die meisten Menschen da draußen sind weder an Dir noch an mir interessiert. Um Deinen Kunden für Dich zu gewinnen, beginne damit, Dich aufrichtig für ihn zu interessieren. Du könntest Fragen stellen wie:

Was sind Ihre Interessen?

Wie hilft Ihnen unser Produkt oder unsere Dienstleistung weiter?

Was ist für Sie das Besondere an unserem Produkt oder unserer Dienstleistung?

Wie war Ihr Urlaub und was hat Ihnen besonders gut gefallen?

Wenn Du in Erfahrung gebracht hast, ob Dein Kunde sich in seiner Freizeit für Sport oder andere Aktivitäten begeistert, er vielleicht

Fan einer Sache ist, dann nimm immer wieder darauf Bezug. Bestes Beispiel ist der Fußball. Die meisten Deutschen lieben Fußball und begeistern sich vorzugsweise für einen bestimmten Verein. Du kannst das sehr gut nutzen, um über die Dinge zu sprechen, für die Dein Kunde sich interessiert.

Publius Syrus war ein römischer Dichter. Er lebte hundert Jahre vor Christi Geburt und er sagte einmal: *Wir interessieren uns für die anderen, wenn sie sich für uns interessieren.*

Willst Du, dass Deine Kunden sich für Dich interessieren, Dich als Ansprechpartner mögen und akzeptieren, dann interessiere Dich zu allererst für Deine Kunden. Sie werden es Dir zurückzahlen.

Regel Nr. 2 – Sei dankbar für jeden Kunden

Sei dankbar, dass die Kunden da sind und das Produkt oder die Dienstleistung in Anspruch nehmen. Denn die Kunden, die für das Produkt oder die Dienstleistung zahlen, sind dafür verantwortlich, dass es den Arbeitsplatz gibt, den Du besetzt hast. Und sie sind dafür verantwortlich, dass Du Dein Gehalt bekommst und mit diesem Gehalt Dein Leben führen kannst, welches Du führst.

Es ist nicht das Unternehmen als Arbeitgeber, was Dir Dein Gehalt auszahlt. Erst durch zahlende Kunden ist es Deinem Arbeitgeber überhaupt möglich, Arbeitsplätze zu schaffen und Dich zu entlohnen.

Zeige Deine Dankbarkeit indem Du mit Freude und Begeisterung Deinen Kunden begrüßt. Sei es persönlich, am Telefon oder per Mail. Lege stets einen Ton in Deine Begrüßung, der erkennen lässt, wie erfreut Du über seinen Besuch, seinen Anruf oder seine Mail bist.

Regel Nr. 3 – Vergiss nie, dass für jeden Menschen sein Name das schönste und wichtigste Wort ist.

Wer den Namen seines Kunden behält und ihn immer wieder ausspricht, macht seinem Kunden ein diskretes, aber sehr wirkungsvolles Kompliment. Zum einen zeigst Du Deinem Kunden damit Deine Wertschätzung, weil Du Dir seinen Namen gemerkt hast und zum anderen Deinen Respekt, weil Du Deinen Kunden mit seinem Namen ansprichst.

Wenn Du den Namen Deines Kunden vergisst, falsch aussprichst oder auch falsch schreibst, dann versetzt Du Dich selbst in ein ungünstiges Licht und weckst den Anschein, dass Dir Dein Kunde unwichtig ist.

Ich weiß, dass es manchmal schwierig ist, einen Namen zu behalten, vor allem, wenn er schwer auszusprechen oder auch schwer zu schreiben ist. Aufgrund dessen ignorieren viele Menschen lieber die Höflichkeit, sich Namen zu merken, anstatt sich die Mühe zu machen, einen Namen auswendig zu lernen. In diesen Fällen kannst Du aus der Masse herausragen, indem Du Dir den Namen merkst und ihn sogar korrekt aussprichst.

Das gute Gefühl, welches Du bei Deinem Kunden erzeugst, wird so stark sein, dass Dein Kunde Dich immer in Erinnerung behalten wird, als die Person, die seinen Namen kannte und er wird sich immer an das gute Gefühl erinnern.

Regel Nr. 4 – Sei ein guter Zuhörer und ermuntere Deinen Kunden, von sich selbst zu sprechen.

Ein guter Zuhörer zu sein fällt vielen Menschen schwer. Warum? Weil sie sich in einem Gespräch zurücknehmen müssten, obwohl sie doch sehr gern über sich selbst sprechen würden.

Um einen Menschen für sich gewinnen zu können, hilft es sehr, ihm den Vortritt zu lassen und ihn erst einmal über sich erzählen zu lassen. Mit diesem Vorgehen bleibst Du Deinem Kunden positiv in Erinnerung, weil er, solange er von sich selbst erzählen kann, sich wohlfühlt und dieses Gefühl mit Dir und dieser Situation verbindet.

Ich war einmal mit meiner Frau und meinem Sohn in einer sehr schönen Wohngegend in Hamburg spazieren. Die Wohngegend zeichnete sich durch eine 30er-Zone mit Pflastersteinstraßen, großen Einfamilienhäusern und Stadtvillen aus. An den Straßenrändern standen große Bäume, die im Sommer die Straßen zu Alleen werden ließen. Viel Grün und eine sehr ruhige Atmosphäre. Als wir so über den Fußweg schlenderten, beobachtete mein Sohn einen Mann, der mit einem akkubetriebenen Laubbläser seinen Gehweg säuberte. Das war höchst interessant für meinen Sohn und er wollte sich das aus der Nähe betrachten. Also gingen wir hinüber und stellten uns in die Nähe des Mannes. Dabei fiel meiner Frau und mir sein Haus auf. Auf der einen Seite konnten wir einen Anbau sehen, der an der Fassade mit dunklen Holzbrettern verkleidet war. Das gab dem Haus einen sehr schönen Charme, fanden wir. Nun, als uns der Mann bemerkte, wie wir ihn bei seiner Arbeit beobachteten, sagte meine Frau zu ihm, dass unser Sohn sich für seinen Laubbläser interessierte. Für ein Kind im Alter von 2-1/2 Jahren die Attraktion. Der Mann war sehr freundlich und lud meinen Sohn ein, mit ihm den Laubbläser zu betätigen. Mein Sohn freute sich sehr. Wir kamen mit dem Mann ein wenig ins Gespräch und als es mir den Anschein vermittelte, dass das Gespräch ein wenig steif wurde, sprach ich ihn auf sein Haus an und dass meiner Frau und mir die Fassade mit den dunklen Holzbrettern sehr gefällt. Der Mann fühlte sichtlich geschmeichelt und erzählte uns, wie es dazu gekommen ist, dass die Holzbretter an die Fassade gekommen sind. Wir standen ca. 1 Stunde mit ihm vor seinem Haus und er bedankte sich sehr herzlich für das angenehme Gespräch mit uns, obwohl er den größten Gesprächsanteil hatte.

Uns in einem Gespräch zurückzunehmen und unseren Gesprächspartner mal reden lassen, fällt uns Menschen in der Regel schwer. Doch wenn wir uns ein wenig bemühen und bei unseren Kunden positiv in Erinnerung bleiben wollen, dann lasse Deinen Kunden von sich reden. Du wirst sehen, dass er aus dem Strahlen nicht herauskommt.

Diese Regel findet nicht nur in der geschäftlichen Welt ihre Berechtigung. Auch im privaten Umfeld ist sie sehr nützlich. Wenn Du eine Person neu kennenlernst – auf einer Feier, auf der Arbeit, im Sportverein – und Du möchtest einen guten Eindruck machen und ihr in Erinnerung bleiben, dann wende diese Regel an. Um das in Zahlen auszudrücken, lasse der Person 80 % Redeanteil und 20 % Redeanteil für Dich.

Regel Nr. 5 – Sprich über Dinge, die den anderen interessieren.

Der direkte Weg zum Herzen des Menschen führt über jene Dinge, die dem betreffenden Menschen besonders am Herzen liegen.

Wenn es Dir möglich ist, und in der Zeit von Datenschutz von personenbezogenen Informationen recht herausfordernd, dann bringe so viel über Deinen Kunden in Erfahrung, wie Du nur kannst. Jedoch dokumentiere diese Informationen nur in Deinem Kopf oder schreibe sie Dir auf ein Blatt Papier. In Zeiten von Datenschutz ist es verboten, die Informationen in einem System zu dokumentieren, die besonders im Kundenservice interessant und relevant sind. Welche Informationen meine ich, die wir nicht dokumentieren dürfen. Nun, es sind Informationen über das Geburtsdatum Deines Kunden, hat Dein Kunde ein Hobby, für das er leidenschaftlich brennt und jede

Minute in seiner Freizeit widmet, hat Dein Kunde Kinder, was hat Dein Kunde für einen beruflichen Werdegang, hat er studiert und womöglich im Ausland – in dem Du gern mal in den Urlaub reisen möchtest oder war Dein Kunde vor Kurzem selbst im Urlaub, dann lasse ihn darüber berichten, wie es war. Gibt es allgemein besondere Interessen, denen Dein Kunde nachgeht.

Das Gute ist, dass Du einige dieser Daten bereits online finden kannst, wenn Dein Kunde ein Profil auf einer Jobbörse, Facebook, Instagram oder ähnlichem hat. Wenn Du mit ihm online verbunden bist, bekommst Du automatisch viele interessante Informationen, die Du verwenden kannst, damit Dein Kunde Dir darüber erzählt. Alles, was Du nicht online recherchieren kannst, bekommst Du durch regelmäßige Gespräche, persönlich oder am Telefon von Deinem Kunden automatisch erzählt, sobald ihr Smalltalk macht.

Greife jedes Mal, wenn ihr miteinander sprecht, ein Thema auf und lasse Deinen Kunden kurz erzählen. Damit zeigst Du ihm, dass Du Dich für ihn und sein Leben interessierst. Dein Kunde wird sich dabei gut fühlen und dieses gute Gefühl immer mit Dir verbinden.

Regel Nr. 6 – Bestärke den anderen in aufrichtiger Weise in seinem Selbstbewusstsein.

Es gibt ein äußerst wichtiges Gesetz im Umgang mit Menschen: Bestärke den anderen immer in seinem Selbstwertgefühl und in seinem Selbstbewusstsein.

William James sagte einmal: »Das Verlangen nach Anerkennung ist zutiefst im menschlichen Wesen verankert.«

Wir Menschen streben so sehr danach, bedeutend zu sein, dass wir in jedem Moment, in dem wir etwas tun, nach Zeugen suchen, um Anerkennung zu bekommen oder wir sprechen ununterbrochen über die Dinge, die wir getan haben, damit unsere Gesprächsteilnehmer davon Wissen und wir von ihnen Anerkennung erhalten. Vielleicht hast Du es auch schon erlebt. Du triffst Dich mit einer Gruppe von Menschen, Freunde, Familie oder Arbeitskollegen. Eine Person erzählt begeistert und energisch, was ihr vor Kurzem widerfahren ist und was sie getan hat. Niemand reagiert so, wie sich die Person es erhofft hatte. Sie hat sich Anteilnahme und Anerkennung erhofft, doch die bleibt aus, weil sich niemand in dieser Gruppe dafür interessiert hat. Du siehst für einen Augenblick die Enttäuschung buchstäblich in ihr Gesicht geschrieben. Wenn Du gute und gesunde Beziehungen aufbauen und erhalten willst, dann nutze in dieser Situation die Gelegenheit und gib der Person, in aufrichtiger Weise, die Aufmerksamkeit und Anerkennung, die sich die Person so sehr erhofft hat.

Jesus sagte einmal: »Alles, was ihr wollt, dass euch die Leute tun sollen, das tut ihr ihnen.«

Was sagt uns dieses Zitat? Es sagt uns, wenn Du z. B. Respekt haben willst, dann zeige selbst Respekt. Wenn Du Anerkennung erhalten willst, dann erkenne das an, was andere Menschen getan haben. Kurz gesagt, wenn Du etwas von anderen Menschen erhalten willst, dann musst Du, was Du erhalten willst, vorleben.

Die 6. Regel will uns eins lehren: Jeder Mensch ist bedeutend, auf seine eigene Art und Weise. Niemand hat das Recht, einen Menschen ungerecht, unbedeutend und respektlos zu behandeln, nur weil demjenigen etwas an der Art und Weise des anderen stört. Niemand hat das Recht, einem Menschen zu sagen, was dieser kann oder nicht kann, was dieser erreichen oder nicht erreichen wird. Behalte das bitte immer im Hinterkopf.

Regel-Nr. 7 – Lächle

»Menschen, die lächeln, haben als Manager, Lehrer und Verkäufer meist mehr Erfolg, und sie erziehen glücklichere Kinder. Ein Lächeln erreicht mehr als ein Stirnrunzeln. Deshalb ist Ermunterung ein viel besserer Lehrmeister als Bestrafung.«

Ich finde, Professor James V. McConnell hat das sehr treffend beschrieben. Ein Lächeln öffnet die Herzen der Menschen. Hast Du schon einmal eine fremde Person auf der Straße angelächelt und hast ein Lächeln zurückbekommen? Wie hast Du Dich dabei gefühlt? Sicherlich großartig!

Und genau deshalb ist es so wichtig zu lächeln und sich einen Gemütszustand anzulegen, der ein Lächeln überhaupt zulässt. Wenn Du in Deinem Leben oder mit Deinem Job im Kundenservice unglücklich bist, wirst Du feststellen, dass Dir ein Lächeln schwerfällt und wenn Du lächelst, es aufgesetzt und unecht wirkt. Da stellt sich die Frage, warum ist das so? Und wie kannst Du das für Dich ändern?

Zum einen kann es an Deinen Gedanken liegen. Shakespeare hat in Hamlet folgendes geschrieben: »... denn an sich ist nichts weder gut noch böse, das Denken macht es erst dazu.« Zum anderen kann es an Deiner Haltung liegen. Dale Carnegie hat in seinem Buch »Wie man Freunde gewinnt« folgendes geschrieben: »Nicht was wir haben oder was wir sind oder wo wir sind oder was wir tun, macht uns glücklich oder unglücklich, sondern wie wir uns dazu stellen. Zwei Menschen können sich am gleichen Ort befinden und das Gleiche tun, beide mögen gleich viel Geld und Ansehen besitzen – und doch kann der eine todunglücklich sein und der andere glücklich.«

Eine kleine Geschichte dazu von mir. In meinem Berufsleben bin ich für einige Zeit zwischen Hamburg und Frankfurt am Main gependelt. Ich saß viele Stunden meines Lebens in meinem Dienstwagen. Wobei der nicht so schlecht war. Es war ein Audi A4 Kombi mit sehr gutem Sitzkomfort. Eines Tages bin ich von Hamburg nach Frankfurt früher losgefahren als gewohnt. Ich wollte an einem Montag früher im Büro sein, damit ich zeitig Feierabend machen kann und dabei keine Minusstunden machte. Denn, zu dieser Zeit war meine Fahrzeit Privatzeit und nicht Arbeitszeit, weil mein Arbeitsort in Frankfurt war und auch mein Wohnort. Ich hatte eine 2. Wohnung in der Nähe von Frankfurt. Okay. Ich fuhr also den besagten Montag früher los. Es war gegen 4:30 Uhr morgens. Ich wollte gegen 9 Uhr morgens im Büro sein. An diesem Tag lief gefühlt alles schief. Kaum auf der Autobahn angekommen fuhr ich in einen starken Schneefall. Die Fahrbahn war voll mit Schnee bedeckt und der Verkehr fuhr nur schleppend. Dann kam noch Schneeregend vom Himmel gefallen und Stau bildete sich auf der Fahrbahn. Ich war in diesem Moment so genervt, dass ich mich über die Situation sehr stark aufgeregt habe. Ich brüllte im Auto, schimpfte über die anderen Autofahrer und geriet immer stärker in Rage. Dann entsinnte ich mich der Situation, reflektierte mich selbst und dachte an ein Buch von Thorsten Havener. In einem seiner Bücher schrieb er davon, dass Gedanken die Körperhaltung beeinflussen und die Körperhaltung die Gedanken beeinflusst. Ich versuchte ein Experiment mit mir selbst und fing an zu lächeln. Erst war es sehr künstlich und aufgesetzt. Doch dann änderte sich meine Laune und meine Emotionen wurden merklich freudiger. Dann lächelte ich wirklich und ich fühlte mich auf einmal richtig gut. Ich akzeptierte den Stau – denn ich konnte eh nichts daran ändern – und die Situation so wie sie war. Alles war gut und ich fuhr den Rest der Strecke ohne Stress und mit mehr Freude.

Das Prinzip der Gegenseitigkeit

Ein Neukunde kontaktiert uns und fragt nach einem Angebot. Eine mögliche Antwort auf seine Kontaktaufnahme könnte sein: »Vielen Dank für Ihre Anfrage, gern erstellen wir Ihnen ein Angebot. Um Ihnen ein aussagekräftiges Angebot erstellen zu können, möchte ich mit Ihnen einige Fragen stellen und das Vorgehen in einem persönlichen Gespräch, bei Ihnen vor Ort, besprechen. Für eine gute und langfristige Zusammenarbeit ist es uns wichtig, dass es auch zwischenmenschlich passt und das können wir nur herausfinden, wenn wir uns einmal persönlich kennengelernt haben«. Welches Signal wird an den Neukunden, insbesondere an die Person, die die Anfrage gestellt hat, übermittelt? Wir signalisieren unserem Gegenüber, dass er uns wichtig ist, weil wir bereit sind, einen gewissen Aufwand zu betreiben, bevor es zum Angebot kommt und es uns nicht nur um den reinen Verkauf geht. Wenn unser Gegenüber den Vorschlag zustimmt, haben sich unsere Chancen für eine gute und nachhaltige Kundenbindung erheblich erhöht, weil unser Gegenüber der gleichen Meinung ist. Das soeben beschriebene Szenario ist auch bekannt als Prinzip der Gegenseitigkeit. Wir alle kennen die Filmreihe »der Pate I – III«? Hier können wir die perfekte Umsetzung des Prinzips der Gegenseitigkeit verfolgen. Als Don bekommt Vito Corleone regelmäßig Anfragen von Personen, um ihnen aus der Patsche zu helfen. Don Corleone hört sich die Bitte genau an und stellt Fragen, damit er die Situation für sich einschätzen kann. Aufgrund der Tatsache, dass der Don der Einzige ist, der helfen kann und der Don diese Machtposition kennt und weiß, mit ihr richtig umzugehen, verschafft er ein Gefühl beim Bittenden. Ein Gefühl, dem Don ewig in der Schuld zu stehen, wenn der Don hilft. Sobald Don Corleone entschieden hat zu helfen, folgt der wohl bekannteste Satz: »Irgendwann, womöglich auch nie, werde ich Dich um eine Gefälligkeit bitten.« Das Prinzip der Gegenseitigkeit funktioniert sehr gut und kann als Methode im Positiven genutzt werden. Selbst ich habe es unbewusst und doch irgendwie bewusst über mehrere Jahre angewendet und ich wende es weiterhin an, insbesondere nachdem ich weiß, dass wir es zum Guten für uns sowie unsere Beziehung zum Kunden einsetzen können. Als ich in einem Konzern als Kundenbetreuer tätig war, betreute ich unter anderem Unternehmen mit Konzernstrukturen, die weltweit Niederlassungen hatten. Um unsere Dienstleistung auch an den ausländischen Niederlassungen organisieren zu können, war ich auf die Zuarbeit meiner ausländischen Kollegen (Kunden) angewiesen. Hin und wieder wurde ich von diesen Kollegen (Kunden) per E-Mail angeschrieben, ob ich nicht bei einem Problem helfen könne. Ich schaute mir das Problem an und kategorisierte dieses in drei Bereiche: Sofort lösbar, lösbar in 1–3 Tagen, nicht von mir lösbar – aber ich wusste, wer es lösen konnte. In der Regel habe ich meinen ausländischen Kollegen (Kunden) innerhalb von 10 Minuten eine Antwort geschrieben und habe entweder die sofortige Lösung mitgeteilt oder wann oder durch wen das Problem gelöst wird. Am Anfang war mir gar nicht bewusst, dass ich einen Prozess bei meinen Kollegen in Gang gesetzt hatte und meine Kollegen in eine »Ich-schulde-Dir-etwas«-Haltung geraten sind. Als ich mal ein Problem hatte, welches nur von den ausländischen Kollegen gelöst werden konnte, griff ich unbewusst auf das »Schuldgefühl« zurück und erhielt im Gegenzug meiner Hilfe eine prompte Antwort mit Lösungsvorschlag. Wir haben uns gegenseitig geholfen und durch diese zuverlässige Zusammenarbeit eine sehr gute Bindung aufbauen können.

Wie binde ich meinen Kunden an mich?

Deine unzufriedenen Kunden sind
Deine größte Lernquelle.

(Bill Gates)

Ist ein Neukunde erst einmal gewonnen, sprich der Kunde hat unser Unternehmen beauftragt, liegt es nun daran, die verhandelten Rahmenbedingungen zu erfüllen. Nichts ist schädlicher für eine Beziehung, als wenn der Kunde nachher feststellt, dass ihm zuvor, nur um den Auftrag zu bekommen, bloß Versprechungen gemacht wurden. Ich vertrete die kontroverse Meinung, dass »Vertrieb« und die Gewinnung von Neukunden überbewertet sind. Es ist dann überbewertet, wenn ein Unternehmen bereits einen gesunden Stamm an Kunden betreut. Es geht nicht darum, wer die meisten Kunden hat, sondern vielmehr darum, zusammen mit dem Kunden die Geschäftsbeziehung auszubauen und nachhaltig mit ihm zu wachsen. Natürlich ist die Akquise von Neukunden wichtig, wenn das Unternehmen am Anfang steht und erst Kunden benötigt, um Gewinne zu erzielen, oder in einer Branche tätig ist, die eine langfristige Bindung gar nicht zulässt. Keine Frage. Doch dort, wo es eine regelmäßige Zusammenarbeit gibt, der Kunde regelmäßig das Produkt oder die Dienstleistung einkauft, sollte der Fokus auf die Bestandskunden fallen. Eine mögliche Verteilung der Priorisierung könnte sein: Bestandskunden 60 % und Neukunden 40 %.

Unternehmen, die in Branchen tätig sind, die eine regelmäßige Zusammenarbeit mit Ihren Bestandskunden ermöglicht, jedoch ihren Fokus ausschließlich auf die Gewinnung von Neukunden richten, anstelle die Bestandskunden in den Vordergrund zu stellen, werden sich nur über den Faktor der gewonnenen Neukunden definieren – Anzahl der Kunden. Verkäufer/Vertriebler werden für jeden neugewonnenen Kunden zu den gefeierten Helden, weil es von der

Unternehmensführung lieber gesehen wird, einen Neukunden zu gewinnen, als die Beziehung zum Bestandskunden zu pflegen. Der Aufwand, einen Neukunden zu gewinnen, ist erheblich höher, als bei einem Bestandskunden das Geschäft zu erweitern. Jene Unternehmen, die glauben, dass Wachstum in erster Linie über Neukunden realisiert wird, laufen Gefahr eine hohe Kundenfluktuation in Kauf zu nehmen oder die Zufriedenheit der Bestandskunden zu gefährden. Denn jeder Kunde, unabhängig, welche Nummer er hat, möchte angemessen betreut und zufriedengestellt werden. Ich bin der Meinung, dass ein gesundes Verhältnis von Neukundengewinnung und Bestandskundengeschäft herrschen sollte (wie bereits beschrieben), damit der Bestandskunde nicht vergessen wird und somit seine verdiente Betreuung bekommt.

Wie man Kunden begeistert

Die besten Dinge im Leben sind nicht die,
die man für Geld bekommt.

(Albert Einstein)

Damit ein Kunde sich an uns bindet, muss er von unserem Unternehmen und uns persönlich überzeugt und zufrieden sein. Nein, er muss begeistert sein. Besser ist es, er wird zu einem begeisterten Fan. Es genügt nicht, »nur« zufriedene Kunden zu haben. Wir müssen den Irrglauben ablegen, dass unsere Kunden uns gehören und sowieso für immer bei uns bleiben. Kunden werden, ohne zu zögern woanders hingehen, wenn sie dort besser bedient werden. Ob nun als Angestellte/r, Geschäftsführer/in oder Unternehmer/in steht vor Dir die Aufgabe, Dir darüber Gedanken zu machen, wie Du es schaffst, dass Deine Kunden zu begeisterten Fans werden.

Dazu möchte ich Dir einen Wegweiser an die Hand geben, der Dich genau dahin führt, dass Deine Kunden zu begeisterten Fans werden.

Entscheide, was Du erreichen willst!

Erschaffe Dir eine Vision vom perfekten Kundenservice. Alles ist auf Deine Kunden konzentriert und alles ist vollkommen. In Dir muss ein Bild entstehen, wie Deine Kunden bedient werden. Welche Prozesse durchlaufen sie? Was erleben sie dabei? Was unterscheidet Dich oder Dein Unternehmen von anderen?

Wenn Du Deine Vision klar und deutlich vor Dir siehst, dann lege sie über Deine Organisation, Deinen Arbeitsbereich und gleiche Deine Vision mit der Wirklichkeit ab. Mit Wirklichkeit sind die vorhandenen Prozesse und Strukturen in Deinem Unternehmen/Arbeitsplatz gemeint und das, was der Kunde will. Dort wo Vision und Wirklichkeit abweichen, fängst Du an zu arbeiten und schließt die Lücke.

Insbesondere für Geschäftsführer/innen und Unternehmer/innen ist dieser erste Schritt sehr wichtig. Alles startet und geht von Dir aus! Erwarte nicht, dass Andere für Dich den perfekten Kundenservice entwickeln. Nein, sie machen sich Gedanken darüber, wie Deine Vision umgesetzt werden kann, und führen die notwendigen Arbeiten aus.

Finde heraus, was der Kunde will!

Wir haben ja bereits im Kapitel »wie gewinne ich Kunden für mich?« herausgefunden, dass wir viele Informationen benötigen, um einen Kunden für uns zu gewinnen und zu bedienen. Dennoch wiederhole ich das sehr gern für Dich, weil ich es nicht oft genug betonen kann.

Finde heraus, was der Kunde wirklich will. Wie sieht überhaupt seine Vision eines perfekten Kundenservice aus? Passt seine Vision zu Deiner Version, oder weicht seine Version von Deiner ab? Wie groß ist die Abweichung? Kannst Du Deine Version verändern und an die Version Deines Kunden anpassen? Wie gehst Du vor, wenn die Version Deines Kunden derart von Deiner abweicht, dass eine Anpassung, ein Kompromiss nicht möglich ist? Bist Du bereit, Deinen Kunden woandershin zu schicken, wenn Du ihn nicht bedienen kannst, damit sein Wunsch erfüllt wird?

Fragen über Fragen. Oft ist es so, dass viele Menschen, die sich um einen guten Kundenservice bemühen, glauben, dass es jedem Kunden zu jeder Zeit und in jeder Beziehung recht gemacht werden muss. Und das funktioniert nicht!

Aus Angst davor, einen Kunden zu verlieren, weil sie den Kunden nicht bedienen können, entscheiden sich viele für den Weg, dem Kunden es lieber irgendwie recht zu machen. Auch wenn sie für diese eine Sache keine Expertise besitzen. Es werden keine Kosten und Mühen gescheut, Hauptsache der Kunde beleibt. Was wäre, wenn wir in solchen Momenten unseren Kunden zu jemandem schicken, der es besser kann als wir oder einfach der bessere Partner ist? Verlieren wir wirklich einen Kunden? Oder besteht die Möglichkeit, dass unser Kunde dennoch bei uns bleibt und unseren Service weiterhin in Anspruch nimmt, oder er uns einfach dankbar dafür ist, dass wir ihm einen optimalen Partner empfohlen haben. Wie würdest Du Dich fühlen, wenn Du Kunde bist und Du diese Art von Service bekommst?

Liefern plus 1

Halte immer Dein Serviceversprechen, welches Du nach außen kommunizierst. Das bedeutet, Du musst immer liefern. Nicht manchmal oder meistens. Nein, IMMER! Es gibt keine Ausnahmen. Genauer gesagt, erfülle immer die Erwartungen Deines Kunden und zeige dadurch Zuverlässigkeit.

Wenn Du das geschafft hast, ohne Ausnahme immer zu liefern und die Erwartungen Deiner Kunden immer zu erfüllen, dann beginnt das »plus 1«. Mit »plus 1« ist gemeint, häppchenweise um 1 Prozent Deine Vision vom perfekten Kundenservice zu etablieren. In kleinen Paketen erreichst Du mehr Verbesserungen als in großen Paketen. Durch die kleinen Schritte schaffst Du kurzfristige Erfolge und kannst schneller Verbesserungen etablieren. Wenn Du Dir zu viel vornimmst, besteht die Gefahr, dass zwar vieles verändert wird, jedoch zeitgleich eine Verbesserung aller Aufgaben ausbleibt, weil zu wenig Zeit eingeplant wurde, die jeweilige Verbesserung im Unternehmen und bei den Mitarbeitern als neue Kultur zu etablieren. Des Weiteren ermöglichen Dir kleine Verbesserungen mehr Flexibilität, um auf die Visionen Deiner Kunden besser eingehen zu können. Manchmal ändern sich die Prioritäten Deiner Kunden und wenn Du von Anfang an nur an der Umsetzung von großen Paketen (= viele kleine Pakte gleichzeitig) gedacht hast und in der umfangreichen Umsetzung steckst, sind kurzfristige, kleine Anpassungen durch äußerliche Veränderungen im Markt oder bei Deinem Kunden, nur sehr schwer bis unmöglich umsetzbar und würden viel Geld kosten.

Mehr über die Umsetzung des Wegweisers findest Du im Buch »Wie man Kunden begeistert« – Der Dienst am Kunden als A und O des Erfolges, von Kenneth Blanchard und Sheldon Bowles.

Der Dienst am Kunden, eine schöne Überleitung auf das folgende Schaubild, welches uns das Zusammenspiel zwischen Zufriedenheit und Begeisterung sehr schön visualisiert.

Doch zuvor möchte ich Dich bitten, mit den folgenden zwei Fragen Dir das Schaubild anzusehen:

1. Was kann ich meinen Kunden heute Gutes tun?
2. Wie kann ich meine Kunden überraschen?

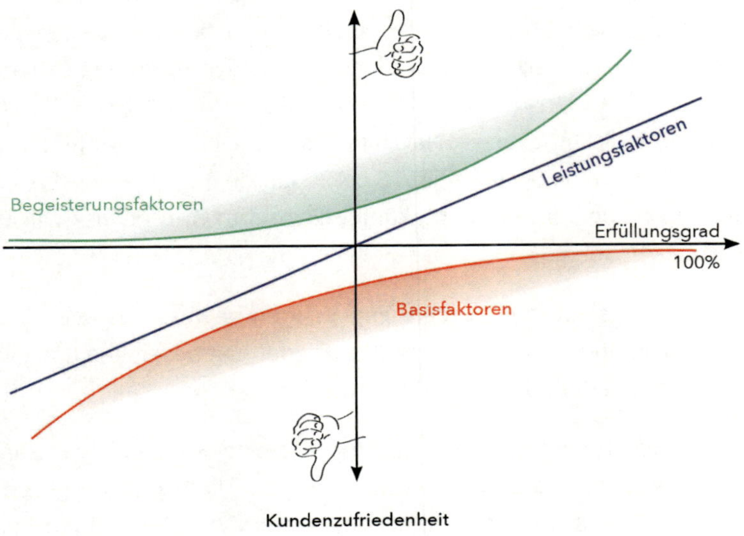

Das Kano-Modell der Kundenzufriedenheit beschreibt die Veränderung der Kundenzufriedenheit über einen Zeitraum und befähigt uns, systematisch die 3 Ebenen der Kundenzufriedenheit zu verstehen und wie diese erreicht werden können.

Noriaki Kano (*1940) war Professor an der Universität Tokio und leitete 1978 ab, dass Kundenanforderungen unterschiedlicher Art sein können. Kano hat ermittelt, dass die Kundenzufriedenheit auf 3 Faktoren zurückzuführen ist.

- Die Basisfaktoren
- Die Leistungsfaktoren
- Die Begeisterungsfaktoren

Die Basisfaktoren sind die Faktoren, die ein jeder Kunde als Minimum stellt. Sie sind grundlegend und selbstverständlich und werden erst bei Nichterfüllung bewusst wahrgenommen. Werden die Basisfaktoren nicht erfüllt, entsteht Unzufriedenheit. Bei Erfüllung entsteht keine wirkliche Zufriedenheit, die wir beim Kunden erreichen wollen, sondern eine grundlegende positive Stimmung zu dem Produkt oder Dienstleistung. Bei einem Auto sind heute die Basisfaktoren ABS, Klimaanlage, Navigationssystem, etc., die wir mindestens haben wollen, welche vor 15 bis 20 Jahren Begeisterungsfaktoren waren und bei jedem Autokäufer ein breites Grinsen ins Gesicht gezaubert haben.

Die Leistungsfaktoren werden vom Kunden bewusst wahrgenommen. Sie können aufkommende Unzufriedenheit beseitigen und ein Nichterfüllen der Basisfaktoren aufwiegen.

Die Begeisterungsfaktoren, die Faktoren, die der Kunde nicht erwartet, sind die Faktoren, die das Produkt oder die Dienstleistung gegenüber der Konkurrenz differenziert und abhebt. Vor 20-25 Jahren war das ABS ein Begeisterungsfaktor, was uns der Autoverkäufer als Bonbon anbieten konnte, weil das nicht jedes Auto hatte. Heute ist das serienmäßig. Noriaki Kano hat herausgefunden, dass die Begeisterungsfaktoren über die Zeit zu Basisfaktoren und somit vom Kunden als selbstverständlich vorausgesetzt werden.

Auf welche Faktoren beziehen sich die 2 wesentlichen Fragen, die zuvor genannt wurden?

1. Was kann ich meinem Kunden heute Gutes tun? = Leistungsfaktoren
2. Wie kann ich meinen Kunden überraschen? = Begeisterungsfaktoren

Überlegen wir uns, welche Leistungen wir unserem Kunden erbringen können, damit er zufrieden ist und welche Begeisterungsfaktoren ihn überraschen und ihn zu einem begeisterten Fan machen.

Das bedeutet, dass Kundenbindung durch Zufriedenheit/ Begeisterung entsteht. Sobald das Produkt oder die Dienstleistung austauschbar ist und die Performance schwächelt, verlieren wir die Bindung zu unserem Kunden. Wir können als Person noch so gut sein. Wenn das Produkt oder die Dienstleistung die erwartete Leistung nicht bringt, verlieren wir den Kunden.

Merken wir uns folgenden Satz:

Begeisterung durch Emotionen und Emotionen durch Erlebnisse!

Jetzt stellt sich die Frage, was soll ich darunter verstehen und wie setze ich das um? Dazu einige Beispiele als Inspiration.

a) Ich habe als junger Mensch als Barmann in der Gastronomie gearbeitet. Zu meinen Aufgaben gehörte die Zubereitung von Cocktails und anderen Getränken. Wir waren ein Team von 4 Jungs und haben uns überlegt, was können wir für unsere Gäste Besonderes tun und hatten eine Lösung. Einer von uns konnte sehr gut mit Flaschen jonglieren, einer hatte einen Kurs im Feuerspucken gemacht, einer wusste so gut wie alles über die Getränkemarken, die wir im Portfolio hatten und ich konnte einige kleine Zaubertricks. Wir platzierten die einzelnen Fähigkeiten von uns über den Abend als Show Act. Mal wurde Feuer gespuckt, mal wurde eine Geschichte über eine Getränkemarke erzählt, mal mit Flaschen jongliert und mal ging ich rum und zauberte. Für die Gäste war das jedes Mal ein Erlebnis, das die Stimmung konstant hochhielt und somit den Getränkeumsatz ankurbelte. Alle waren begeistert. Folge: Die Gäste kamen unseretwegen in die Bar, weil Sie sich durch die Show Acts pudelwohl fühlten und es immer ein kleines Erlebnis war.

b) In meiner Zeit als Kaufmann in der Kundenbetreuung hatte ich Kunden betreut, die sehr nah an meinem Arbeitsort ihren Sitz hatten. Im Rahmen ihrer Managementzertifizierung hatte ich mir überlegt, die Zertifikate persönlich vorbeizubringen, anstatt per Post zu versenden. Das hatte keiner von Ihnen erwartet und die Begeisterung war dementsprechend super.

c) Als Unternehmensberater arbeiten Sie mit Menschen. Der Unternehmensberater wird in der Regel als Experte beauftragt, um Probleme zu lösen, Hindernisse zu überwinden oder einfach Verbesserungen voranzutreiben. Es gibt einen wesentlichen Unterschied, der den sehr guten vom guten Berater unterscheidet. Der sehr gute Berater hat nicht nur ein tieferes und besseres Fachwissen, ist rhetorisch und kommunikativ besonders gut ausgebildet und kennt sich mit Persönlichkeitsentwicklung aus, sondern er unterscheidet sich auch in der Dienstleistungserbringung als solcher. Er vermittelt seinem Kunden das Gefühl, dass er wichtig ist, dass die Beratung nur zusammen geht, dass der Kunde gestärkt und mit mehr Wissen aus der Beratung geht. Der sehr gute Berater weiß, wie er seinen Kunden motiviert und begeistert, insbesondere in schwierigen Situationen. Dem sehr guten Berater ist es gleich, wie die Menschen ihn behandeln, er weiß, dass er wertvoll ist, dass Kritik lediglich seiner Leistung gilt und nicht seiner Person und er behandelt alle wertschätzend und mit Respekt. Durch diese Art der Dienstleistungserbringung und durch seine Persönlichkeit freuen sich seine Kunden aufs Neue ihn begrüßen zu dürfen, denn alle seine Kunden sind von ihm begeistert.

d) In der heutigen Zeit ist der Onlinehandel sehr stark ausgeprägt und wir können mittlerweile jedes Produkt online kaufen, ohne es uns vorher im Geschäft angesehen zu haben. Da stellt sich doch die Frage, wie kann hier eine Begeisterung des Kunden erzielt werden?

   Wer ist der wohl bekannteste Onlinehändler der westlichen Erdkugel? Richtig, Amazon! Auch wenn Du keinen direkten Kontakt zu irgendwelchen Mitarbeitern bei Amazon hast, hat Amazon es geschafft, seine Kunden zu begeistern. Zum einen finden wir alles bei Amazon und bevor wir nach einem Produkt bei Google suchen, suchen wir zuerst bei Amazon. Zum anderen hat Amazon wohl den schnellsten Kaufprozess und in spätesten 2–3 Tagen ist das Paket bei einem zu Hause. Wenn Du Prime-Mitglied bist, teilweise noch am selben Tag. Das ist unschlagbar und begeistert die Kunden. Nicht umsonst ist Amazon zum größten Onlinehändler geworden.

Ich hoffe, ich konnte mit meinen Erfahrungen inspirieren, wie wir den Kunden begeistern können. AUFGEPASST, wer sich auf diesen Pfad der Kundenbindung begibt, erhöht die Erwartungshaltung beim Kunden. Der Kunde wird auch in Zukunft einen hohen Service mit

Begeisterung sehen wollen. Daher ist es wichtig, kreativ zu bleiben und die Begeisterung in kleine Pakete zu verpacken, damit genügend Munition vorhanden ist.

Zum Abschluss möchte ich Dir eine Passage aus dem o. g. Buch mitgeben.

» … Kunden haben Bedürfnisse, die nicht nur mit dem Produkt zu tun haben, egal, ob das Produkt in einer Schachtel verpackt ist oder es sich um eine Dienstleistung handelt. Menschen brauchen das Gefühl, dass sie irgendwo dazugehören, dass sie wichtig sind und dass es auf das, was sie tun, denken und sagen, wirklich ankommt … «

Das ist der Dienst am Kunden!

Beziehungsmanagement

Beide schaden sich selbst:
Der, der zu viel verspricht und der,
der zu viel erwartet.

(Gotthold Ephraim Lessing)

Nun liegt es daran, die Beziehung zu unserem Kunden zu pflegen. Wie in jeder Beziehung, sei es in der privaten oder beruflichen Welt, bedeutet das harte Arbeit. Nichts ist umsonst und es ist noch kein Meister vom Himmel gefallen. Nur eine Voraussetzung ist notwendig, dass sich beide Seiten eingestehen und zugestehen, dass für jede Seite ein gewisser Wert aus der Beziehung für sich gezogen wird. Der Verkäufer möchte etwas verkaufen und der Käufer etwas kaufen. Für beide steht ein gewisser Wert im Vordergrund und beide sind sich über die Beziehung im Klaren. Sobald jemand behauptet, dass er/sie aus der Beziehung nichts an Wert gewinnen möchte, dann hüte Dich vor diesen Menschen. Entweder belügen sie sich selbst oder sie belügen Dich, denn am Ende wird es darauf hinauslaufen, dass irgendwann eine Bitte an Dich gerichtet wird, die so groß ist und mit der Begründung man hätte ja sonst nie um etwas gebeten, dass diese Bitte Dich einknicken lässt und zu Deinem Nachteil ist. Wenn es Dir gelingt, dass zu Beginn einer Beziehung für beide Seiten klar ist, was ein jeder daraus erwartet, hast Du die Grundlage geschaffen, um gute und gesunde Beziehungen aufrechtzuerhalten.

Der österreichische Psychologe Paul Watzlawick hat mit seinen pragmatischen Axiomen die heutige Kommunikation, so wie wir sie kennen, maßgeblich geprägt. Zum einen fand er heraus, dass wir nicht nicht kommunizieren können. Was er damit meinte, war, dass wir nicht ausschließlich an verbaler Kommunikation bewertet werden, sondern auch an nonverbaler Kommunikation. Ebenso fand er heraus, dass jede Kommunikation eine Sach- und eine Beziehungsebene hat. Nach seinen Erkenntnissen bestimmt die Beziehungsebene die Sachebene. Im Klartext heißt das, dass es unwichtig ist, was wir sagen und wie hochwertig unsere Information ist im Verhältnis dazu, wie wir es sagen und wie wir unserem Kunden gegenübertreten. Was können wir also tun und wie kann uns die Erkenntnis von Paul Watzlawick dabei helfen, unsere Beziehung zum Kunden zu pflegen? Die Antwort ist, wenn wir uns an einige Regeln halten und dadurch das WIE wir unseren Kunden gegenüber treten positiv beeinflussen.

a) Wir bleiben in einem regelmäßigen Kontakt mit unseren Kunden. Durch Telefonanrufe, durch Besuche oder auch E-Mail. Es reicht schon, wenn wir regelmäßig nachfragen, ob alles soweit in Ordnung ist, oder ob wir etwas tun können. Die Regelmäßigkeit entscheiden wir individuell, weil jeder Kunde eine unterschiedliche Schmerzgrenze hat, wann es für ihn unpassend und aufdringlich wird.
b) Wir sind immer freundlich und offen für seine Bedürfnisse.
c) Wir behandeln unseren Kunden mit Respekt und Wertschätzung.
d) Wir stehen zu unserem Wort und halten ein, was wir zusagen.
e) Wir handeln lösungsorientiert und denken nicht in Problemen.
f) Wir behandeln die Daten unseres Kunden mit Sorgfalt und im Vertrauen.
g) Für uns ist Kundenservice nicht nur ein Wort, wir leben Kundenservice.
h) Wir bauen uns einen Methoden- und Werkzeugkoffer, der uns die Möglichkeit bietet, von Situation zu Situation sowie von Kunde zu Kunde das Richtige zu tun. Verdeutlichen wir das an einem Beispiel.

Nehmen wir einmal an, wir sind von Beruf Maler und wurden von 2 verschiedenen Auftraggebern beauftragt, 3 Bilder zu malen. Nun sollen wir die 3 Bilder auch bei unserem Kunden an einer Wand aufhängen.

Szenario 1:

Die 3 Bilder sind fertig und wir klingeln an der Tür unseres ersten Kunden. »Schön, dass Sie da sind. Ich habe bereits eine Wand für die Bilder vorgesehen. Bitte hängen Sie die Bilder an dieser Wand auf. Die Bilder sollen wie folgt aufgehängt werden. Mindestabstand vom Fußboden 1 Meter und von da aus 1,5 Meter als Obergrenze. Sie können die 3 Bilder beliebig anordnen. Als Werkzeug haben wir einen Stift, ein Maßband, eine Bohrmaschine, einen Bohrer, 3 Dübel und 3 Schrauben dabei und können den Auftrag zur Zufriedenheit des Kunden ausführen.

Szenario 2:

Die 3 Bilder sind fertig und wir klingeln an der Tür unseres zweiten Kunden. »Schön, dass Sie da sind. Ich habe bereits eine Wand für die Bilder vorgesehen. Bitte hängen Sie die Bilder an dieser Wand auf. Die Bilder sollen wie folgt aufgehängt werden. Mindestabstand vom Fußboden 1 Meter und von da aus 1,5 Meter als Obergrenze. Bitte hängen Sie die Bilder in einem gleichen Abstand zueinander und in gleicher Höhe auf. Gesagt getan und wir setzen den Wunsch unseres Kunden um. Nach getaner Arbeit bekommen wir ein Dankeschön und unser Kunde ist mit unserer Arbeit zufrieden. Wie in Szenario 1 haben wir auch in Szenario 2 den Kunden zufriedenstellen können.

Auch wenn es auf dem 1. Blick den Anschein erweckt, dass beide Szenarien in der Aufgabenstellung identisch erscheinen, so ist die Durchführung in Teilen unterschiedlich. Der einzige, aber kleine und feine Unterschied ist in Szenario 2. Hier benötigten wir noch eine Wasserwage, um den Wunsch des Kunden zu erfüllen. Wie in beiden Szenarien, erleben wir das täglich im wahren Leben. Wir können lediglich zu einem gewissen Grad jeden Kunden »gleichbehandeln«. Sobald unser Kunde spezielle Anforderungen formuliert, liegt es an uns zu entscheiden, ob wir seine speziellen Anforderungen erfüllen wollen oder können. Das hängt natürlich von der Art unserer Produkte und Dienstleistung ab.

Vielleicht ist das folgende Beispiel ein wenig abstrakt, doch lass es mich dennoch versuchen, Dir zu erklären, warum der Aufbau einer Kundenbeziehung niemals gleichbleibend über alle Kunden und Branchen anwendbar ist.

Ein Schriftsteller kann sein Buch nicht auf Kundenanforderungen anpassen, sei es der Inhalt oder das Cover. Ist das Buch fertiggeschrieben und liegt in der Buchhandlung für den Kauf bereit, kann der Leser lediglich zwischen Lesen oder nicht Lesen entscheiden.

Ein Autohersteller hingegen kann auf Kundenanforderungen eingehen und seinem Kunden ein Auto ausliefern, so wie sich der Kunde das Auto konfiguriert hat. Wenn wir uns die beiden Beispiele genauer ansehen, stellen wir fest, dass in beiden Fällen die »Kundenbeziehung« nur bedingt gelebt werden kann. Der Schriftsteller hat nach seiner Lesung die Möglichkeit, Autogrammkarten oder sein Buch zu signieren und damit die wohl einzige Chance, seine Kunden kennenzulernen und ggf. eine Beziehung aufzubauen. Danach ist der Kundenkontakt in der Regel unterbrochen, wenn nicht sogar abgebrochen. Wenn wir uns ein Auto kaufen wollen, agieren wir on- und offline. Entweder schauen wir uns zunächst verschiedene Modelle und Marken vor Ort beim Händler an, verschaffen uns einen Überblick über die Ausstattung, das Aussehen, dem Sitzgefühl und so weiter. Wenn wir uns für Marke und Modell entschieden haben, so gehen wir nach Hause und konfigurieren unser Wunsch-Auto und gehen mit der Konfiguration zurück zum Händler und bestellen unser Auto. Das ist eine Möglichkeit. Eine andere ist, wir entscheiden uns direkt für ein Modell in der Ausstellung und gehen mit der Absicht zu kaufen direkt zum Verkäufer. Eine dritte Möglichkeit ist, wir konfigurieren uns verschieden Modelle von verschiedenen Marken und gehen mit jeder Konfiguration zum jeweiligen Händler und verhandeln. In allen drei Szenarien hat der Händler, vertreten durch den Verkäufer, lediglich wenig Spielraum eine Beziehung aufzubauen, uns gut zu beraten und zu betreuen und uns davon zu überzeugen, dass nach dem Kauf eine weitere Betreuung bezüglich Wartung, Reparatur und Service beim Händler sinnvoll ist. Denn Kunden, die vielleicht nur einmal kaufen, sind schwer zu betreuen, weil der regelmäßige Kontakt, wie in anderen Branchen möglich und üblich, nur unter beschwerten Bedingungen erfolgreich aufrechterhalten werden kann.

Hast Du regelmäßigen Kontakt zu Deinem Autohändler und lässt Dein Auto regelmäßig in die Wartung bringen? Frage mal in Deinem Freundeskreis nach. In der Regel beauftragen wir doch fremde Werkstätten mit der Wartung und Reparatur unseres Autos, weil die Markenhändler einfach zu teuer sind. Dadurch nehmen wir dem Händler die Möglichkeit, eine gute und gesunde Beziehung zu uns aufbauen zu können und damit auch eine gute Betreuung.

Wenn wir uns an die genannten Regeln halten, egal wie lang die Kontaktdauer zu unseren Kunden ist und wir uns darauf fokussieren, dass wir unseren Kunden respektvoll und wertschätzend behandeln, stets lösungsorientiert sind, so wird sich der Kunde immer daran erinnern und bleiben. Auch wenn er erst nach 10 Jahren wieder ein neues Auto kaufen möchte.

Ein weiterer Aspekt für ein gutes und gesundes Beziehungsmanagement ist, wir sind nicht die eierlegende Wollmilchsau! Warum dürfen wir das nicht sein? Weil, wer die Haltung vertritt, alles können zu wollen, der versäumt, sich zu fokussieren und zu spezialisieren. Er wird lediglich als Mittelmaß wahrgenommen, weil er von allem etwas kann jedoch in nichts Experte ist. Es ist legitim, nicht alles zu können, doch zu wissen, wer es kann, ist viel ratsamer, als mit allen Mitteln etwas liefern zu wollen, was gerade so machbar war und von geringer Qualität ist. Wichtiger ist, dass wir durch die Beziehung zu unseren Kunden erfahren, was ihn bewegt, was er benötigt und wir ihm dann eine Lösung präsentieren, die ihm dabei hilft, sein Ziel zu erreichen. Nur durch die gute Beziehung zu unseren Kunden wird uns das erst möglich sein.

Eins habe ich in den letzten 20 Jahren und insbesondere seit 2012 gelernt: Die zwischenmenschliche Beziehung – die Chemie, die Begeisterung und das Vertrauen sind der Schlüssel für eine gute und gesunde Beziehung. Und, ich werde nie jeden Kunden/Menschen auf meine Seite bringen können. Es wird immer Menschen geben, die nicht mit mir können und mit denen ich nicht kann, Menschen, die neutral gestimmt sind und Menschen, die sich von mir begeistern lassen. Beziehungen kommen und gehen. Freunde kommen und gehen. Kunden kommen und gehen. Es bringt niemandem etwas, sich an Dingen festzuhalten, die keinen Mehrwert bringen. Sei es Freundschaften, Partnerschaften oder Kundenbeziehungen. Alles daran zu setzen, jede Beziehung aufrechtzuerhalten und mit allen verfügbaren Ressourcen um eine Beziehung zu kämpfen, verbrennt mehr Energie und Ressourcen, als das was wir daraus zurückbekommen. Dabei verlieren wir mehr, als wir gewinnen können. Daher sollte unser Fokus auf jenen liegen, die mit uns wollen oder zumindest neutral gestimmt sind.

Warum Wissen über Kommunikation so wichtig ist

Man kann nicht nicht kommunizieren.
(Paul Watzlawick)

Wer sich im Kundenservice im direkten Kontakt zu seinen Kunden befindet, oder auch direkten Kontakt zu seinen internen Kunden hat, der kommt nicht umhin, sich mit der Welt der Kommunikation zu befassen, wenn er sich bewähren, verbessern und durchsetzen will. Das Wissen über Kommunikation ist daher zwingend notwendig, um Missverständnisse oder Versagen zu verhindern. Ich habe mit vielen Menschen gesprochen und sie gefragt, wie sie über den Sachstand denken, ob Wissen über Kommunikationswerkzeuge im Kundenservice notwendig ist. Alle haben mir versichert und deutlich betont, dass das Wissen über Kommunikationswerkzeuge wie das Nachrichtenquadrat, die Charaktertypen, die Kommunikationstreppe, die Fähigkeit genau zuhören zu können und auf Sprachmuster zu achten und Gespräche leiten können von besonderer Bedeutung und Wichtigkeit im Kundenservice ist. Wir kommen nicht drum herum, uns das Wissen anzueignen, um damit kundenorientiert unseren Service anbieten zu können und wir dadurch überhaupt in der Lage sind herauszufinden, was unser Kunde will und wie wir ihn erreichen können.

Ich behaupte, wer sich eben nicht mit den Kommunikationswerkzeugen befasst, der darf sich nicht wundern, wenn er wiederkehrend ins Fettnäpfchen tritt, missverstanden wird und kommunikativ an seine Grenzen stößt und somit auch bei seinen Mitmenschen aneckt. Ich behaupte zusätzlich, dass jeder Mensch sich zum Opfer macht, weil er sich in der Kommunikation nicht wehren kann.

Vielleicht stehst Du manchmal auch mit dem Rücken zur Wand und kannst Dich nicht wehren, weil alles auf Dich hineinprasselt, gegen Dich gestänkert wird und Du überhaupt nicht weißt, was da mit Dir passiert und wie Du aus dieser Situation wieder rauskommst. Wenn Du das Gefühl von Hilflosigkeit und Wertlosigkeit kennst, dann hast Du mein volles Verständnis dafür, weil mir das genauso ergangen ist. Manchmal wusste ich überhaupt nicht, wie mir geschieht. Ich wurde benutzt, manipuliert und erniedrigt, weil ich mich selbst zum Opfer gemacht habe. Und nur aufgrund der Tatsache, dass ich 0 Plan von Kommunikation hatte. Im Gegenzug kann ich Dir vergewissern, dass das Wissen über Kommunikationswerkzeuge und deren Anwendung Dir dabei helfen wird, Dich besser zu positionieren, Dich besser zu verständigen und Dich besser zu wehren, wenn Du kommunikativ angegriffen wirst.

Die Welt der Kommunikation ist natürlich ein sehr umfangreiches Feld mit extrem viel Fachlektüre über Körpersprache, NLP, Rhetorik, Sprachtraining und, und, und. Natürlich hilft es einem, wenn er sich in den genannten Bereichen auskennt, um auf bestimmte Situationen und Signale zu reagieren. Worauf wir uns jetzt konzentrieren sind die Grundlagen und die Auswahl einiger Kommunikationswerkzeuge, von denen ich überzeugt bin, dass sie Dir für den Anfang helfen werden, Kommunikation besser zu erkennen und zu verstehen, und zwar wie Du Informationen besser vermitteln und wie Du die Informationen für den jeweiligen Empfänger richtig verpacken kannst.

Die vier Charaktertypen

In der Kommunikation geht es immer darum, dass Informationen und Gefühle von Menschen zu Menschen transportiert und empfangen werden. Um uns zu helfen, dass die Informationen und Gefühle richtig ankommen, hat uns die Psychologie Methoden und Werkzeuge erarbeitet, wie zum Beispiel die Charaktertypen. Es gibt zwar Unterschiede in Form und Art der Darstellung sowie Erläuterung der einzelnen Charaktertypen, abhängig vom jeweiligen Experten, doch unterm Strich haben alle recht, weil sich alle irgendwo mit ihrem Wissen überschneiden und sich alle auf den Ursprung der Charaktertypen beziehen. Schon die griechischen Gelehrten Hippokrates und Galen haben zu ihrer Zeit den Grundstein der 4 Charaktertypen gesetzt. Hippokrates hat seine Primärqualitäten der Säfte entwickelt, die Körpersäfte durch Wärme und Feuchtigkeit beschrieben und wie sie innerhalb der Jahreszeiten schwanken, sodass in jeder Jahreszeit ein Körpersaft überwiegt.

Primärqualitäten der Säfte

	warm	**kalt**
trocken	Gelbe Galle	Schwarze Galle
feucht	Blut	Schleim

Galen hat zu seiner Zeit das gesamte medizinische Wissen zusammengefasst und folgte den Lehren von Hippokrates und Aristoteles. Galen entwickelte daraus ein Schema (siehe Seite 55).

Daraus hat sich dann die Temperamentenlehre entwickelt, die auf den Willen beziehungsweise auf Gefühle baut.

Das große Gesamtschema des Galen

Element	Luft	Feuer	Erde	Wasser
Körpersaft	Blut	Gelbgalle	Schwarzgalle	Weißschleim
Primärqualität	warm & feucht	warm & trocken	kalt & trocken	kalt & feucht
Farbe	rot	gelb	schwarz	weiß
Geschmack	süß	bitter	scharf & sauer	salzig
Organ	Herz	Leber	Milz	Gehirn
Jahreszeit	Frühling	Sommer	Herbst	Winter
Lebensalter	Jugend	junger Mann	alter Mann	Greis
Fieberart	kontinuierliche Fieber	Tertiana	Quartana	Quotidiana
Geschlecht	(keines)	männlich	(keines)	weiblich

Willens- bzw. Gefühlsverlauf

	schnell	kalt
stark	Gelbe Galle ➔ Choleriker	Schwarze Galle ➔ Melancholiker
schwach	Blut ➔ Sanguiniker	Schleim ➔ Phlegmatiker

Seit der Entstehung der Temperamentenlehre können wir darauf vertrauen, dass Charaktereigenschaften starr und berechenbar sind. Für mich der Schlüsselaspekt, um das Ziel zu erreichen, unsere Informationen richtig zu verpacken und richtig verstanden zu werden.

Seit der Entwicklung durch Galen und Hippokrates sind ihre Ausarbeitungen heute unter dem Vier-Farbenmodell oder unter DISG (dominant, initiativ, stetig, gewissenhaft) bekannt.

Das Modell setzt sich aus den Farben rot, gelb, grün und blau zusammen und beschreibt die emotionale Ebene oder die emotionale Ausrichtung je Farbe. Die Beschreibungen sind intrinsische Charakterzüge, die uns als Mensch ausmachen.

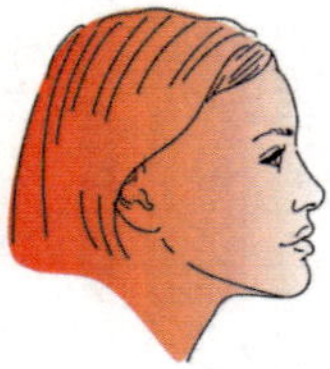

Der »rote« Typ ist fordernd, entschlossen und trifft Entscheidungen. Er ist zielstrebig, orientiert sich an der Sache und wenn er sich etwas vorgenommen hat, setzt er seinen Willen um.

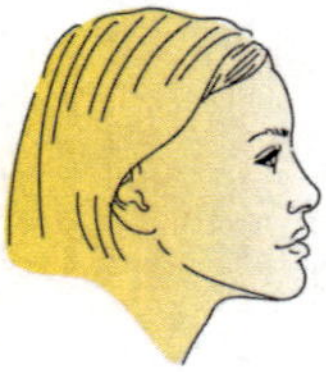

Der »gelbe« Typ ist umgänglich, enthusiastisch und dynamisch. Er kann durch seine offene Art und durch seine starke Ausdrucksfähigkeit andere von sich oder einer Sache gut überzeugen.

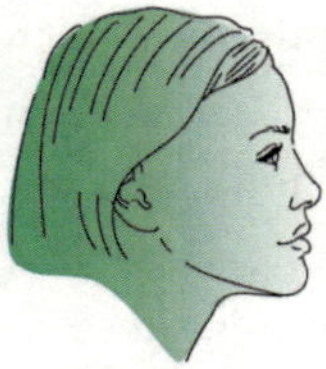

Der »grüne« Typ bringt Geduld und Mitgefühl mit, wodurch er sehr vertrauenswürdig wirkt. Durch seine freundliche und entspannte Art ermutigt er gern andere für eine Sache.

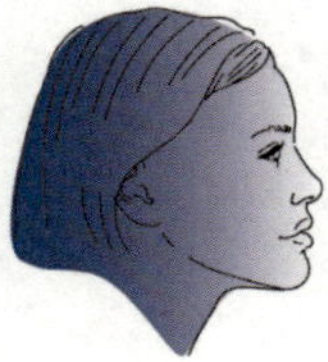

Der »blaue« Typ ist der analytische, der mit vielen Fragen die Hintergründe erkunden möchte. Dabei geht er sehr präzise vor. Dabei bleibt er formal, besonnen und stets vorsichtig.

Die fünf Sinne

Damit wir als Mensch unsere Umwelt wahrnehmen, sind unsere 5 Sinne maßgeblich dafür verantwortlich. Wir sehen, riechen, hören, tasten und schmecken unsere Umwelt und unser Gehirn baut aus allen Wahrnehmungen, anhand der gemachten Erfahrungen und Prägungen, ein Bild. Unser Bild von der Welt, unser Perspektive wie wir die Welt sehen, betrachten, verarbeiten und für uns begehbar machen.

Wir können das sehr gut bei Säuglingen und Kleinkindern bis 3 Jahren beobachten und wenn Du Kinder hast, weißt Du wovon ich rede. Säuglinge und Kleinkinder erforschen ihre Umwelt ausschließlich über ihre 5 Sinne, sofern alle zu 100 % vorhanden sind. Sie fassen alles an und erforschen die unterschiedlichen Oberflächen aller Gegenstände. Sie nehmen in dieser Zeit so gut wie alles in den Mund. Über den Mund erhalten sie Informationen über Geschmack, Form und Oberflächenstruktur. Vielleicht kennst Du es auch, wenn ein Kleinkind im Hochstuhl sitzt und anfängt, sein Besteck und sein Geschirr auf den Boden fallen zu lassen. Damit erforschen Sie das

Aufprallgeräusch und prüfen, ob dieses Geräusch identisch ist, auch wenn ich 100-mal die Gabel auf den Boden fallen lasse. Das ist auch der Grund, warum Kleinkinder im Restaurant so gern ihr Besteck auf den Boden fallen lassen. Es ist eine neue Umgebung und sie wollen herausfinden, ob sich das bekannte Geräusch, von dem im Restaurant unterscheidet, wenn die Gabel auf dem Boden fällt.

Nur über ihre Sinne können Säuglinge und Kleinkinder ihre Umwelt wahrnehmen, ihre Erfahrungen sammeln und sich ihr Bild von der Welt ausmalen.

Bei uns Erwachsenen ist es ähnlich, jedoch nicht mehr so intensiv ausgeprägt. Wir kennen das Aufprallgeräusch der fallenden Gabel. Wir kennen den Geschmack von allen Möbeln und Gegenständen sowie Lebensmitteln. Wir sind befreit von der täglichen Erforschung dieser Dinge. Dennoch ist es so, dass auch wir unsere Umwelt ausschließlich über unsere 5 Sinne wahrnehmen, erkennen und zuordnen. Wenn wir an einem unbekannten Ort sind, z. B. im Urlaub. Nehmen wir mal an, Du bist zum ersten Mal in Thailand und stehst in einem geschützten Dschungel, einem Nationalpark. Du schaust und hörst Dich um. Was siehst Du, was hörst Du? Siehst Du besondere Pflanzen, Bäume und Tiere? Vielleicht berührst Du einige Pflanzen mit Deinen Fingern. Was hörst Du? Vielleicht das Schreien von Affen oder das Trompeten von Elefanten? Wie duftet dieser Ort? Es duftet nach frischer und reiner Luft. Es duftet nach Natur. Du hast nun anhand von 4 Sinnen Deine Umwelt wahrgenommen und in Deinem Gehirn abgespeichert.

In der Regel ist es so, dass einer unserer 5 Sinne bei uns Menschen stärker ausgeprägt ist als die anderen 4 Sinne. Der Großteil der Bevölkerung ist sehr stark visuell ausgeprägt. Dann gibt es die Musiker, bei denen der auditive Sinn sehr stark ausgeprägt ist. Bei Köchen ist es der Geschmacks- und/oder Geruchssinn und bei Handwerkern der Tastsinn. Das schöne bei der ganzen Sache ist, dass wir Menschen in unserer Sprache zu erkennen geben, welcher Sinn unser dominanter Sinn ist. Wir verwenden besondere Wörter in unserem Sprachgebrauch und auf diese zu achten, sie zu hören, gibt uns einen Einblick in die Wahrnehmung unserer Mitmenschen. Und wir können unsere Kommunikation perfekt darauf ausrichten, um besser verstanden zu werden und unsere Mitmenschen oder Kunden besser zu erreichen.

Wie geht das und wie kann ich die Äußerungen zuordnen? Hier einige Beispiele über Äußerungen und Redewendungen:

Auditiv

Redewendungen	**Verben**	**Adjektive**
In Harmonie leben	Summen	harmonisch
Auf der gleichen Wellenlänge schweben	Flüstern	Laut
Nach meiner Pfeife tanzen	Horchen	Leise
Einen anderen Ton anschlagen	Brüllen	Dröhnen
Der Ton macht die Musik	Singen	Monoton
Das ist ein Ohrenschmaus für mich.	Sagen	Musikalisch
Hier spielt die Musik.	Klingeln	Sprachlos
Bist Du auf beiden Ohren taub?	Einpauken	Schrill
Ich verstehe nur Bahnhof.	Seufzen	Schallend
Das ist Musik in meinen Ohren.	Jaulen	Lauschig
Ich verstehe das laut und deutlich.	Diskutieren	Hämmernd
Das ist unerhört.	Betonen	hörbar
Das hört sich gut an.	Fragen	
Das klingt gut.	Zitieren	

Verpackt in unsere Kommunikation, um uns auf auditiver Ebene zu präsentieren:

Wenn wir bei Ihnen unsere Beratungsleistung erbracht haben, dann schnurren Ihre Prozesse wie ein gut geölter Motor.

Gern erstellen wir Ihnen ein weiteres Angebot, welches ich mit Ihnen gern in einem Telefonat oder einem persönlichen Gespräch besprechen möchte.

Visuell

Redewendungen	**Verben**	**Adjektive**
Das sieht gut aus.	Abbilden	Dunkel
Wenn ich mir das bildlich vorstelle.	Lesen	Hell
Ich sehe mir das ganz genau an.	Veranschaulichen	Bunt
Ich sehe, was Du meinst.	visualisieren	Verschwommen
Etwas Licht ins Dunkle bringen.	Betrachten	Nah
Aus den Augen, aus dem Sinn.	Beobachten	Fern
Die Zukunft sieht rosig aus.	Sich vorstellen	Scheinbar
Das macht das Leben bunter.	Sehen	Klar
Lass mich einen Blick drauf werfen.	Starren	Undeutlich
	Blicken	Sonnig
	Voraussehen	Wolkig
	Beäugen	Erleuchtet
		Scheinend
		augenscheinlich

Verpackt in unsere Kommunikation, um uns auf visueller Ebene zu präsentieren:

Wenn wir bei Ihnen unsere Beratungsleistung erbracht haben, dann werden Ihre Mitarbeiter strahlende Gesichter haben und Ihre Prozesse sehen super aus.

Gern erstellen wir Ihnen ein weiteres Angebot, wann wollen wir uns das gemeinsam ansehen?

Kinästhetisch

Redewendungen	Verben	Adjektive
Das fühlt sich gut an.	Fühlen	Gefühlvoll
Ich spüre, wir kommen weiter.	Leiden	Freudig
Den Nagel auf dem Kopf treffen.	Hoffen	Liebevoll
Da möchte ich mich nicht festlegen.	Trauern	Hasserfüllt
Eine solide Grundlage schaffen.	Berühren	Leidenschaftlich
Aus dem Tritt kommen.	Halten	Aufregend
Auf seinem Standpunkt beharren	Greifen	Berührend
Mit beiden Beinen im Leben stehen.	Lieben	Beeindruckend
Wir bleiben in Kontakt.	Herzen	Ärgerlich
Darf ich das anfassen?	Freuen	Mutig
	Empfinden	Sanft
	Kitzeln	Ausdrucksvoll
	Massieren	Spannend
	Streicheln	Schwer
	Erfrieren	Ausgeglichen
	Folgen	Empfindlich
	Führen	Verständnisvoll
	Zittern	Fest
	Abstumpfen	Warm
		Kalt
		Heiß

Verpackt in unsere Kommunikation, um uns auf kinästhetischer Ebene zu präsentieren:

Wenn wir bei Ihnen unsere Beratungsleistung erbracht haben, dann werden sich Ihre Mitarbeiter merklich weniger gestresst fühlen.

Gern erstellen wir Ihnen ein weiteres Angebot. Damit das für Sie greifbar ist, benötigen wir noch einige Informationen.

Gustatorisch / Olfaktorisch

Redewendungen	Verben	Adjektive
Das schmeckt mir.	Schmecken	Geschmackvoll
Das ist das Salz in der Suppe.	Schlucken	Süß
Einem die Suppe versalzen.	Süßen	Salzig
Es braut sich etwas zusammen.	Würzen	Scharf
Viele Köche verderben den Brei.	Kauen	Nährend
Die Lage verschärft sich.	Essen	Köstlich
Es stinkt mir.	Sich ernähren	Bitter
Ich habe die Schnauze voll.	Trinken	Verbittert
Wir haben hier dicke Luft.	Riechen	Schmackhaft
	Kosten	Sauer
	Brauen	Duftend
	Versauern	Stinkend
	Duften	Aromatisch
	Reinschnuppern	Blumig
		Ätzend

Verpackt in unsere Kommunikation, um uns auf gustatorischer oder olfaktorischer Ebene zu präsentieren:

Wenn wir bei Ihnen unsere Beratungsleistung erbracht haben, dann werden sich Ihre Mitarbeiter merklich freier fühlen und bekommen mehr Luft zum Atmen.

Gern unterstützen wir Sie bei ihrem Vorhaben und zusammen werden wir Ihre Lage entschärfen.

Neben dem sprachlichen Muster, welches ein jeder von uns nutzt, um seine Gefühle und sein Empfinden zu äußern, gibt es noch einen weiteren Anhaltspunkt, der uns verrät, in welchem Sinneskanal unser Gesprächspartner sich gerade befindet. Leider gibt es einen Haken bei der Sache, Du musst Deinen Gesprächspartner sehen. Denn der 2. Anhaltspunkt sind unsere Augen. Dir ist sicherlich schon aufgefallen, dass wir in Gesprächen unsere Blickrichtung verändern, wenn wir uns etwas vorstellen, uns an etwas erinnern oder mit uns innerlich einen Dialog führen. Das Schöne an der Sache ist, dass wir unbewusst in die jeweiligen Richtungen blicken und, obwohl jeder Mensch einzigartig ist und daher seine Blickrichtungen immer individuell überprüft werden müssen, besonders zwischen Links- und Rechtshändern können die Blickrichtungen spiegelverkehrt sein, helfen uns die Blickrichtungen dennoch sehr stark. Vor allem, wenn wir herausgefunden haben, welcher Charaktertyp uns gegenübersitzt, welche Wörter er verwendet und nach welchen Motiven er handelt. Es gibt 6 Blickrichtungen, die wir in Zusammenhang mit unserer verbalen Kommunikation bringen können. Hierbei geht es nicht darum, dass wir aufgrund der Blickrichtung die »Gedanken« unseres Gegenübers lesen können. Nein, mir geht es darum, sämtliche Anzeichen, Regungen und das Verhalten zu empfangen, um daraus die bestmögliche Einschätzung ableiten zu können, wie und warum mein Gegenüber reagiert, wie er/sie reagiert.

Kanal	**Augenstellung**
Visuell konstruiert Die Person konstruiert Bilder von Situationen oder Dingen, die sich noch nicht ereignet haben.	Links oben
Visuell erinnert Die Person sieht Bilder von tatsächlichen Ereignissen oder erinnert sich an Dinge.	Rechts oben
Auditiv konstruiert Die Person konstruiert Geräusche, Klänge, Stimmen und Worte.	Links Mitte
Auditiv erinnert Die Person erinnert sich an schon einmal gehörte Klänge und Worte.	Rechts Mitte
Kinästhetische Vorstellung Die Person empfindet ein Gefühl, einen Geschmack oder einen Geruch nach.	Links unten
Innerer Dialog Die Person spricht in einem inneren Dialog zu sich selbst, stellt sich selbst Fragen.	Rechts unten

Die Augenstellung ist so zu sehen, als würde Dein Gesprächspartner Dir gegenüberstehen oder -sitzen.

Die fünf Motive (Beweggründe)

Neben den 4 Charaktertypen und den 5 Sinnen gibt es einen weiteren Anhaltspunkt, eine weitere Möglichkeit, meinen Kunden besser zu verstehen. Und zwar sind es seine Motive, nach denen unser Kunde Entscheidungen fällt oder nicht fällt. Wenn wir sein eigentliches Motiv nicht erkennen oder herausfinden können, wird es uns sehr schwerfallen, dass wir von unserem Kunden eine Entscheidung zu unseren Gunsten bekommen. Wie bereits in den ersten Kapiteln beschrieben, gilt es herauszufinden, was unser Kunde wirklich will und warum er es will. Erst dann können wir auf ihn eingehen und eine Entscheidung zu unseren Gunsten erzielen. Um die Motive herauszufinden, benötigst Du wachsame Augen, viele »Warum-Fragen« und ein gutes Gehör.

Wenn Du bereits Deinen Kunden einem Charaktertypen zuordnen konntest, kannst Du schon Ableitungen zu seinen Motiven ziehen. Nehmen wir mal an, Dein Kunde ist der blaue, analytische Typ. Es liegt nahe, dass dieser Typ sehr stark auf Zahlen, Daten und Fakten Wert legt, die er sehen will. Vielleicht will er durch diese Information Sicherheit gewinnen.

Doch lass uns einmal auf die 5 wesentlichen Beweggründe eingehen, die ich Dir in den folgenden Abbildungen und Beschreibungen zusammengetragen und -gefasst habe. Jedes Motiv kann zum einen einzeln oder auch in Kombination die Grundlage für Entscheidungen sein. Das bedeutet, dass wir als Mensch nicht ausschließlich auf ein Motiv anspringen. Wir können uns auch bei 2 oder 3 Motiven wiederfinden.

Bauch
Daten
Zahlen
Fakten
Preis
Qualität
Sicherheit

Qualität: Diesem Menschen ist die Qualität am wichtigsten. Er möchte das Beste vom Besten haben und scheut in der Regel keine Mühen und Kosten, um die gewünschte Qualität zu bekommen. Er zeigt gern nach außen, was er hat und möchte sich mit seiner Errungenschaft von anderen abheben. Manchmal kann er die Qualität vom Markenbewusstsein nicht trennen und vergisst dabei, dass selbige Qualität woanders günstiger zu bekommen ist. Der Qualitätsmensch kann entweder auf den visuellen oder den taktilen Sinn angesprochen werden.

Bauch: Dieser Mensch entscheidet aus dem Bauch heraus, aus einem guten Gefühl. Qualitätsnachweise wie Zahlen – Daten – Fakten und Preis sind auf der 1. Ebene unwichtig. Wichtiger sind die Menschen um ihn herum, Menschen denen er vertraut. Ein Bauchmensch betrachtet alle Aspekte (Qualität, Preis, Sicherheit und Zahlen, Daten, Fakten) gleichermaßen und entscheidet dann. Der Bauchmensch wird überwiegend auf den taktilen Sinn angesprochen, weil anfassen sich gleichermaßen mit Fühlen ("sich gut anfühlen«) setzen lässt.

Preis: Dieser Mensch möchte ausschließlich den »besten Preis« (den günstigsten Preis) bekommen. Er schaut und sucht nach Schnäppchen und versucht, gleichbleibende Qualität zu günstigen (guten) Preisen zu bekommen. Der Preismensch wird überwiegend über den visuellen Sinn angesprochen, weil er Preise in der Regel aufschreiben und lesbar machen möchte.

Zahlen, Daten, Fakten: Dieser Mensch will es belegt haben. Reine Aussagen über das, was wir können, reichen ihm nicht aus. Er will es sehen, einen Beweis bekommen. Der Zahlen-, Daten-, Faktenmensch wird oft mit dem Beweggrund »Sicherheit« in Kombination auftreten, denn Beweise untermauern das Gefühl von Sicherheit. Dieser Mensch ist in der Regel auf den visuellen und taktilen Sinn ansprechbar.

Sicherheit: Dieser Mensch möchte keine Risiken eingehen. Für ihn muss alles mit einem doppelten Boden oder einem Auffangnetz abgesichert sein. An erster Stelle steht die Sicherheit. Zum einen muss ihm das visuell vorliegen und zum anderen braucht dieser Mensch das Gefühl von Sicherheit (ein gutes Gefühl). Wir finden diesen Menschen gern mit dem Bauchmenschen in Kombination. Den Sicherheitsmenschen können wir über den visuellen und taktilen Sinn erreichen.

Wenn wir all diese Informationen aufnehmen, verstehen und in die Anwendung bringen, also uns das wertvolle Wissen über Kommunikation und Verhaltensweisen aneignen, werden wir unsere Kommunikation auf ein höheres Level bringen und viel besser in der Lage sein, mit unseren Kunden effektiver zu kommunizieren. Und wir können uns besser auf die jeweiligen Situationen einlassen und anpassen.

Das ist das, was ich in unserem Schulsystem vermisse. Mir wurde dieses enorm wichtige Wissen nicht vermittelt. Dir? Meine Fragen, die ich hatte, die sich damit beschäftigen, warum es so viele kommunikative Hindernisse und Schwierigkeiten gibt, konnte ich für mich erst beantworten, als ich das o. g. Wissen erlangt hatte. Damit verstand ich zum ersten Mal, warum Menschen auf Kommunikation reagieren, wie sie reagieren und wie ich darauf positiv einwirken kann.

Wenn wir es zusammen schaffen, Du und ich, dass jeder, den wir kennen, auch das Wissen darüber erlangt, wie der Mensch eigentlich tickt und wir sein Wesen und Verhalten erkennen können, bin ich davon überzeugt, dass es in Zukunft weniger Missverständnisse und mehr Verständnis füreinander geben wird. Dazu werden wir zu einem späteren Zeitpunkt auch das »Kommunikationsquadrat« betrachten, welches wir ebenfalls kennen sollten, damit wir das bereits erlangte Wissen richtig anwenden und unsere Informationen richtig übermitteln können. Denn, eine Ursache für Missverständnisse und warum wir in das »kundengetrieben« abgleiten, besteht darin, dass unsere Kommunikation falsch übermittelt wird oder falsch ankommt. Dazu wird uns das »Kommunikationsquadrat« mehr Aufschluss geben.

Befassen wir uns nun mit der unschönen Welt des »kundengetrieben« sein, wie wir dorthin gekommen sind und welchen Einfluss das auf einen selbst und unser Umfeld hat.

Der Übergang von kundenorientiert zu kundengetrieben

»… ein systematischer Weg, um sicherzustellen, dass Maßnahmen so ausgeführt werden, wie sie geplant sind … es geht darum, Probleme von Anfang an zu vermeiden, indem die notwendigen Voraussetzungen geschaffen werden, die eine Vermeidung möglich machen.«

(Crosby 1979).

Aus eigener Erfahrung kann ich berichten, dass der Übergang eher schleichend ist und weniger ad hoc von heute auf morgen stattfindet. Auch mich überraschte der finale Abschluss meines Übergangs. Der schleichende Prozess versteckte sich hinter kleinen, vereinzelten Situationen, Gesprächen und Aufgaben, die sich nach und nach eingeschlichen haben und ihre Art und Weise für mich nachteilig war. Ich habe mich jedes Mal falsch verhalten, falsch kommuniziert und mich nicht richtig abgegrenzt und auch mal NEIN gesagt. Einzeln betrachtet empfand ich die Situationen unkritisch und ich sagte zu mir: »Och, das schaffe ich auch noch.« Doch auf die Dauer wurde es einfach zu viel, weil meine Führungskräfte, Kollegen und Kunden den Eindruck bekommen haben, dass ich einfach da bin und alles erledige, was mir aufgetragen wird. Bis das Kartenhaus zusammengebrochen ist. Bei einigen Personen dauert das 1 Jahr und bei anderen Personen bis zu 10 Jahren, oder gar länger, bis die magische Grenze überschritten ist. Ich möchte hier betonen, dass jeder Mensch einzigartig ist und jeder Mensch eine eigene Belastungsgrenze besitzt. Was auf mich zutrifft, trifft nun mal nicht auf andere zu und umgekehrt. Auch wenn der Prozess schleichend ist, können wir im Prozessverlauf Anzeichen und Signale erkennen, die ein »kundengetrieben« andeuten, damit wir frühzeitig einlenken und ein böses Ende verhindern können. In den folgenden Kapiteln werden wir gemeinsam die Anzeichen und Signale durchgehen. Wenn Du Dich in den folgenden Kapiteln wiederfindest, kann es sein, dass Du mitten in dem Prozess »kundengetrieben« steckst, oder sogar schon das böse Ende erreicht hast. Sei beruhigt, das ist nicht das Ende der Welt und es gibt einen Ausweg aus dem dunklen Tunnel, und sobald Du das Licht erreicht hast, wirst Du eine gewisse Erleichterung, Motivation und Glück verspüren.

Legen wir los!

Was heißt kundengetrieben?

Die Leute sagen:» Der Kunde hat immer recht«.
Was für ein Unsinn. Der Kunde hat oft unrecht
und das muss man ihm auch sagen.

(Michael O'Leary)

Betrachten wir den Begriff »kundengetrieben« mal genauer. Der Begriff setzt sich aus dem Wort »Kunden« und »getrieben« (Treiben) zusammen. Wenn ich als Person getrieben bin, dann leitet mich eine äußere Kraft. In unserem Fall eine Person oder ein Unternehmen in der Rolle des Kunden. Wenn ich von äußeren Kräften und Einflüssen getrieben bin, hat das nichts mit dem spirituellen »sich treiben lassen« zu tun. Denn »sich treiben lassen« ist eine aktive Handlung und getrieben sein eine passive, reaktive Handlung.

An folgenden Signalen erkennen wir, dass wir kundengetrieben sind:

a) Wir sind gestresst.
b) Wir sind der Meinung, wir haben zu wenig Zeit.
c) Jeder will etwas von uns, und zwar sofort.
d) Der Berg an Arbeit wird immer größer anstatt weniger.
e) Obwohl wir NEIN sagen, bekommen wir dennoch neue Aufgaben.
f) Wir hetzen von Termin zu Termin.
g) Wir machen mehr Fehler als gewohnt.

Wenn Du diese Signale erlebt hast oder im Moment mittendrin steckst, dann wurdest/bist Du vom Kunden getrieben, also kundengetrieben.

Die Gefahr bei der ganzen Sache ist, dass uns das gesundheitlich treffen und auch einen Einfluss auf unser privates Umfeld nehmen kann, wenn wir aus dem Beruf gestresst oder genervt nach Hause kommen und damit die »Teufelsbrut« mit ins Haus nehmen. Sobald die Situation in unser privates Umfeld Einzug hält, potenziert sich der Stress, weil unser privates Umfeld oft nicht versteht, was mit einem los ist und ebenfalls Sorgen und Nöte hat, die sie bei uns platzieren möchte. Wir schaffen es nicht, den beruflichen Stress abzulegen und unser Heim für die Erholung zu nutzen, damit wir am nächsten Tag wieder motiviert und zufrieden aufstehen. Die Abwärtsspirale zieht uns immer tiefer und tiefer, bis wir aufgegeben haben, uns zu wehren und im schlimmsten Fall krank geworden sind.

Wenn Dir diese Beschreibung sehr bekannt vorkommt, dann bist Du in der Tat »kundengetrieben« und benötigst einen Ausweg, bevor Konsequenzen eintreten, die Du bereuen wirst.

Die Gründe, warum ich kundengetrieben bin

Wer sein eigenes Leben und das seiner Mitmenschen als sinnlos empfindet, der ist nicht nur unglücklich, sondern kaum lebensfähig.

(Albert Einstein)

Im Wesentlichen ist die Ursache, der Grund, für das Kundengetriebensein einfach zu benennen. Wir haben uns nicht abgegrenzt, wir haben falsch kommuniziert und nicht deutlich genug NEIN gesagt, an der Stelle, wo es so notwendig gewesen wäre. Oder wir wurden geschickt manipuliert, ohne es zu merken. (Wobei das die Ausnahme ist, weil es dazu einen Menschen benötigt, der bewusst die Manipulation für sich nutzt. Diese Menschen sind in der Minderheit. Da berichte ich aus eigener Erfahrung.)

Natürlich reden wir uns ein, dass die Gründe woanders liegen. Beim Kollegen, weil der unsauber arbeitet und alles bei uns liegen bleibt. Der Chef, weil der immer nur zu uns kommt, wenn er neue Aufgaben hat und sich weigert, andere Mitarbeiter zu fragen. Der Kunde, weil der sich wieder über etwas beschwert hat und wir das sofort bereinigen müssen. Der Vertrieb, weil der ohne Abstimmung mit uns Dinge verkauft, die wir nur mit erheblichem Aufwand umsetzen können. Dann diese verdammte E-Mail-Flut und die Zahl der ungelesenen E-Mails, die uns jeden Morgen daran erinnert, dass das nicht zu schaffen ist – wir kennen das vom griechischen Imbiss, wenn wir uns eine Portion Giros bestellen und einen Berg Fleisch bekommen, der locker für zwei reicht. Das verursacht sofort ein Sättigungsgefühl bei uns, weil wir wissen, dass wir den Berg an Giros nicht aufessen können. Und so ergeht uns das im Job. Wir sehen all jene Aufgaben in Summe und fragen uns, wie soll ich das bloß schaffen?

Obwohl die Ursache so einfach zu benennen ist, fällt uns in der Nachbetrachtung das doch so schwer den einen Zeitpunkt festzumachen, an dem wir festhalten können, dass wir ab jetzt kundengetrieben und in der Negativspirale gefangen sind, denn alles basiert auf einzelnen, auch kleinen Situationen, die sich stetig summieren bis das Fass überläuft und es zu spät scheint. Der Grund dafür ist, dass jede einzelne Situation in ihrer Auswirkung von uns unterschätzt wird. Selbst wenn wir es bewusst wahrnehmen, es wissen, dass diese eine Situation irgendwie falsch ist, tun wir trotzdem das, was von uns verlangt wird oder um was wir gebeten wurden.

Ein weiterer Aspekt ist (kann) eine falsche Arbeitsorganisation (sein). Also die Art und Weise wie die angefallenen Arbeitspakete und Aufgaben erledigt werden. Zwei Ursachen können dafür verantwortlich sein. Die Prozessstruktur des Unternehmens oder die persönliche Arbeitsweise des Mitarbeiters. Ich habe die Erfahrung gemacht, dass selbst bekannte Selbstorganisationsmodelle im Tagesgeschäft nur bedingt hilfreich sind. Sei es nun das Eisenhower-Prinzip, welches eine Priorisierung der Aufgaben in »Wichtig« und »Dringend« kategorisiert. Welche Arbeit fällt unter die Kategorie »Wichtig«? Das Eisenhower-Prinzip sagt, dass die Arbeit, die unmittelbar mit Ihren Zielen und Aufgaben verknüpft ist, wichtig ist. Jedoch ist der Zeitpunkt der Erledigung von der Dringlichkeit abhängig. Aus heutiger Sicht und nach meiner Erfahrung ein Widerspruch in sich. Unter die Kategorie »Dringend« fällt jede Arbeit, die sofort erledigt werden muss – je nach Wichtigkeit. Auch diese Priorisierung widerspricht sich. Wenn das Eisenhower-Prinzip funktionieren soll, benötigen wir für jede Arbeit zwei Messgrößen. Einmal die Wichtigkeit und einmal die Dringlichkeit. Je Messgröße ist noch eine Bewertungsskala erforderlich → 1, 2, 3. Wobei 3 tiefrot bedeutet. Nun wäre jede Arbeit vor der Bearbeitung zu kategorisieren. Wie wichtig ist die Arbeit und wie dringend? Okay, fällt die Bewertung 1:1 aus, dann bliebe die Arbeit liegen und landet auf einer Liste ganz unten. Doch was wäre, wenn die Arbeit für den Kunden wichtiger und dringlicher eingestuft wird als von uns selbst? Was passiert im Nachgang? Unser Kunde ist unzufrieden über die Dauer der Bearbeitung seines Anliegens.

Es gibt weitere Modelle, ähnlich des Eisenhower-Prinzips und ich finde, dass alle Modelle eine wesentliche Betrachtung in ihrer Anwendung vermissen lassen, und zwar die der **Kundenanforderung**. Denn alle Modelle, die ich kenne, betrachten lediglich die »Ich-Perspektive« zur Bewertung der Arbeit und jedes Modell hat eine Höchstgrenze, bis wohin das Modell funktioniert. Und das ist aus meiner Sicht fatal. Warum behaupte ich das? Weil ich aus eigener Erfahrung berichten kann. Bei mir (und das ist eine subjektive Meinung und muss nicht für Andere gelten) haben diese Modelle keine Verbesserung erzielt. Über Jahre hinweg habe ich versucht, mich optimal zu organisieren und meine Arbeit fristgerecht gemäß der Kundenanforderung in hoher Qualität abzuliefern. Ich habe das Eisenhower-Prinzip ausprobiert, oder mir zum Ende eines Arbeitstages eine Liste für den Folgetag gemacht, oder die A-, B-, C-Priorisierung ausprobiert. Doch keines dieser Modelle konnte mich vor meinem Unheil bewahren. In keinem Modell habe ich die Antworten auf meine Fragen gefunden. Doch mehr dazu später.

Im Folgenden werden wir uns das Warum ansehen, weshalb wir nicht »NEIN« sagen konnten. Denn in den meisten Fällen liegt es daran, dass wir falsch verstanden wurden oder wir unser Gegenüber falsch verstanden haben. Wie bereits erwähnt, »Kommunikation ist das, was ankommt«.

Der Appell – 4 Seiten der Kommunikationsbetrachtung

Im Grunde sind es doch die Verbindungen mit Menschen, die dem Leben seinen Wert geben.

(Wilhelm von Humboldt)

Warum laufen wir überhaupt in die Situation, dass wir falsch verstanden werden, oder wir andere falsch verstehen? Warum können wir nicht transparent vermitteln, was wir eigentlich meinen?

Die Antwort ist, wir sind nur Menschen. Menschen, die von Emotionen geleitet werden und abhängig von ihnen sind. Wenn es uns gut geht, wir gut gelaunt sind, haben wir eine komplett andere Wirkung auf Personen im Vergleich dazu, wenn wir schlecht gelaunt sind und negative Gedanken haben. Wir nehmen Informationen auch unterschiedlich auf und verarbeiten die Informationen je nach Gefühlslage.

Beispiel:

Wenn wir gut drauf sind und uns nichts aus der Bahn werfen kann, wir morgens wach werden und weil wir verschlafen haben die Haare nur schnell zurechtzupfen, damit wir rechtzeitig zur Arbeit kommen, verarbeiten wir die Information »na, nicht genug Zeit für die Haare gehabt« vielleicht so. »Ja, richtig. Doch mir gefällt meine Frisur heute sehr gut«. Wenn wir schlecht drauf sind, könnten wir so reagieren: »Was willst Du von mir, was interessieren Dich meine Haare. Ich habe verschlafen und bin schlecht drauf. Also lass mich heute in Ruhe.«

Der Grund, warum wir in solche Wortgefechte verfallen, ist, dass wir als Sender und/oder Empfänger von Informationen oft den falschen Informationskanal verwenden oder die empfangene Information in den falschen Hals (besser gesagt, in das falsche Ohr) bekommen. Friedemann Schulz von Thun hat dieses Phänomen 1981 sehr treffend veranschaulicht und seine Erkenntnis ist bekannt als das »Vier-Ohren-Modell« oder das »Nachrichtenquadrat«. Friedemann Schulz von Thun hat herausgefunden, dass wir als Mensch unsere Nachricht (Information) auf vierfache Weise senden und/oder empfangen. Bekannt unter den vier Ebenen der Kommunikation.

- eine Sachinformation (worüber ich informiere) – **blau**
- eine Selbstkundgabe (was ich von mir zu erkennen gebe) – **grün**,
- einen Beziehungshinweis (was ich von Dir halte und wie ich zu Dir stehe) – **gelb**,
- einen Appell (was ich bei Dir erreichen möchte) – **rot**.

Friedemann Schulz von Thun hat die vier Seiten/Ebenen der Kommunikation in einem Quadrat dargestellt. Um sein Nachrichtenquadrat noch stärker hervorzuheben, hat Schulz von Thun einen Sender und einen Empfänger hinzugefügt. Der Sender erhielt »vier Schnäbel« und der Empfänger »vier Ohren«. Sowohl Sender und Empfänger sind für die Qualität ihrer Kommunikation verantwortlich. Das bedeutet, dass der Sender sich darüber im Klaren sein muss, was und auf welcher Ebene er etwas senden möchte und ob sein Empfänger das richtige Ohr dafür öffnet. Der Empfänger trägt die Verantwortung, die empfangene Nachricht beim Sender zu hinterfragen, um sicherzustellen, dass er die Nachricht auf der richtigen Ebene empfangen hat.

Und hier liegt die Wurzel allen Übels!

Auch wenn Schulz von Thun in der Regel davon ausgegangen ist, dass der Sender und der Empfänger sich verstehen und ein Missverständnis eher die Ausnahme ist, muss ich seine Annahme als falsch darstellen. Weil jeder Konflikt, jedes Missverständnis, jeder Streit darauf zurückzuführen ist, dass sich Sender und Empfänger eben nicht verstanden haben. Weil beide Seiten ihre Verantwortung über die Kommunikation auf den Anderen übertragen haben. Und weil kaum einer von uns dieses Wissen wirklich kennt und anwenden kann. Mir hat niemand dieses Wissen vermittelt, weder im Kindergarten, oder in der Schule oder zu Hause durch meine Eltern (denn die wussten davon auch nichts). Erst in meinem Studium und einem Schwerpunktfach Kommunikation wurde ich auf das Wissen aufmerksam gemacht – da war ich 30 Jahre alt.

Ich möchte Dir gern derartige Missverständnisse und Missachtung der Kommunikationsverantwortung kurz beschreiben.

Wir kennen doch die Situation und die ist nur eine von vielen: Die Führungskraft kommt (hektisch) in das Büro, um 15 Uhr und faselt: »hlajldjflaodlaldldjlaj«. Und verlässt das Büro so, wie sie es betreten hat.

Die Mitarbeiter reagieren: »Was war das denn? Hast Du ihn verstanden? Was wollte der?

Mitarbeiterin A: »Ich glaube, er möchte, dass wir … «

»Nein, er hat doch gesagt, dass … «, erwidert Mitarbeiterin B.

Beide einigen sich und fangen an, die Aufgabe zu erledigen. Um 16:30 kommt die Führungskraft wieder in das Büro und fragt: »Wie weit seid ihr?«

Mitarbeiterin B: »Wir haben die Aufgabe fertig.«

Führungskraft: »O. k. Dann zeigt mal. Hm, so habe ich das nicht gemeint. Ihr solltet das so machen … «

Mitarbeiterin A: »Wir haben das aber so verstanden. Sie haben doch gesagt, dass … «

Führungskraft: »So habe ich das nicht gemeint. Das muss heute fertig werden. Also bitte noch einmal neu machen und mir in 20 Minuten vorlegen.«

Was ist geschehen? Nun, die Führungskraft hat auf der Sachebene eine Information gesendet, ohne sicherzustellen, dass die Mitarbeiterinnen die Aufgabe richtig verstanden haben und die Mitarbeiterinnen sind von etwas ausgegangen, ohne bei der Führungskraft nachzufragen, was genau gewünscht ist und ob sie die Aufgabe richtig verstanden haben. Wenn wir ehrlich sind, ist das doch eher die Realität im Gegensatz zu dem, was sich Schulz von Thun gedacht oder angenommen hat, wenn Sender und Empfänger miteinander kommunizieren. Um das genauer zu verstehen, widmen wir uns den 4 Ebenen der Kommunikation. Denn es ist wichtig zu wissen, was in den einzelnen Ebenen vor sich geht und dass wir erkennen können, auf welcher Ebene sich Sender und/oder Empfänger zum Zeitpunkt der Kommunikation befinden.

Die vier Ebenen der Kommunikation

Sachebene

Auf der **Sachebene** des Gesprächs steht die Sachinformation im Vordergrund, hier geht es um Daten, Fakten und Sachverhalte. Dabei gelten drei Kriterien:

- wahr oder unwahr (zutreffend/nicht zutreffend)
- relevant oder irrelevant (sind die aufgeführten Sachverhalte für das anstehende Thema von Belang/nicht von Belang?)
- ausreichend oder ungenügend (sind die angeführten Sachhinweise für das Thema ausreichend, oder muss vieles andere zusätzlich bedacht werden?)

Die Herausforderung für den Sender besteht auf der Sachebene darin, die Sachverhalte klar und verständlich auszudrücken. Der Empfänger kann auf dem Sachohr entsprechend den drei oben genannten Kriterien reagieren.

Selbstkundgabe

Für die **Selbstkundgabe** gilt: Wenn jemand etwas von sich gibt, gibt er auch etwas von sich, etwas Persönliches preis. Jede Äußerung enthält gewollt oder unfreiwillig eine Kostprobe der Persönlichkeit – der Gefühle, Werte, Eigenarten und Bedürfnisse. Dies kann explizit (»Ich-Botschaft«) oder implizit geschehen.

Während der Sender mit dem Selbstkundgabe-Schnabel implizit oder explizit, bewusst oder unbewusst, Informationen über sich preisgibt, nimmt der Empfänger diese mit dem Selbstkundgabe-Ohr auf: Was ist das für einer? Wie ist er gestimmt? Was ist mit ihm? Usw. Damit der Empfänger überhaupt in der Lage ist, über das Selbstkundgabe-Ohr diese Informationen zu filtern, muss der Empfänger a) die Tonalität bewerten können, b) die Körpersprache (Gestik und Mimik) verstehen können und c) emphatisch empfänglich sein.

Beziehungsebene

Auf der **Beziehungsseite** gebe ich zu erkennen, wie ich zum anderen stehe und was ich von ihm halte. Diese Beziehungshinweise werden durch Formulierung, Tonfall, Mimik und Gestik vermittelt.

Der Sender transportiert diese Hinweise implizit oder explizit. Der Empfänger fühlt sich durch die auf dem Beziehungsohr eingehenden Informationen wertgeschätzt oder abgelehnt, missachtet oder geachtet, respektiert oder gedemütigt.

Appellebene

Die Einflussnahme auf den Empfänger geschieht auf der **Appellseite**. Wenn jemand das Wort ergreift, möchte er in aller Regel etwas erreichen. Er äußert Wünsche, Appelle, Ratschläge oder Handlungsanweisungen.

Die Appelle werden offen oder verdeckt gesandt. Mit dem Appell-Ohr fragt sich der Empfänger: Was soll ich jetzt (nicht) machen, denken oder fühlen?

Nachdem wir die vier Ebenen der Kommunikation gelernt sowie verstanden haben und auch anwenden können, sind wir in der Lage, die Kommunikation zu lenken und wir können die Kommunikationsverantwortung übernehmen. Andernfalls bleibt die Kommunikation einseitig und missverständlich.

Kommunikation ist das, was ankommt! Nicht mehr und nicht weniger.

Jetzt kommen wir zu den großen »ABER« und der Begründung, warum das »Nachrichtenquadrat« nur die Spitze des Eisbergs ist. Wie schon oben erwähnt, geht Schulz von Thun davon aus, dass Missverständnisse eher die Ausnahme sind, weil Sender und Empfänger sich verstehen. Dennoch ist es doch so, dass nur wenige das »Nachrichtenquadrat« kennen und schon gar nicht darin geschult sind, ihre Kommunikation nach diesem Prinzip anzuwenden. Das ist auch der Grund, warum es täglich so viele Missverständnisse zwischen zwei Personen oder Parteien gibt. Wie oft streiten sich Paare, Freunde, Arbeitskollegen, Kinder mit Eltern, Kinder untereinander und Geschäftsleute untereinander über – teilweise – belangloses Zeugs, weil sie sich missverstanden haben. Weil der Sender falsch formuliert hat, das falsche »Ohr« angesprochen hat, oder der Empfänger die Nachricht schlichtweg falsch verstanden oder aufgenommen hat.

Weil wir als Mensch von Emotionen geleitet werden, verarbeiten wir Informationen überwiegend emotional auf der Beziehungsebene. Diese Tatsache ist der ausschlaggebende Punkt, warum es überhaupt zu Missverständnissen kommt. Der Sender möchte eine sachliche Information übermitteln und der Empfänger fühlt sich persönlich angegriffen und verarbeitet die Sachinformation auf der Beziehungsebene. Die Katastrophe ist vorprogrammiert. Das ist insofern wichtig zu wissen, weil das, insbesondere bei Kindern bis zum 12. Lebensjahr, die Regel ist. Studien haben belegt, dass Kinder bis zu ihrem 12. Lebensjahr jede Information ungefiltert aufnehmen. Sie können nicht unterscheiden, ob eine Kritik an sie nur sachlich, also auf ihr Verhalten, oder auf ihre Persönlichkeit zielt. Daher nehmen sie alles persönlich und verlieren dadurch stückweise an Selbstwertgefühl und Selbstvertrauen. Auch im Teenager- und Erwachsenenalter können wir sehr schlecht differenzieren, wie die Information gemeint ist und wie wir diese verarbeiten sollen. Denn, je nach persönlicher Entwicklung eines jeden Einzelnen, bleibt das kindliche Verhalten bestehen. Weil wir es einfach nicht besser wissen und uns niemand über diesen Sachverhalt aufgeklärt hat, können wir auch gar nicht anders.

Das klingt schwerwiegend, oder? Ich finde schon. Und wir haben diese Schwierigkeit nicht nur innerhalb eines Kulturkreises, sondern auch interkulturell laufen wir regelmäßig in das Fettnäpfchen. Im süddeutschen Raum ist das Wort »Querdenken« negativ behaftet. Wenn ein norddeutsches Unternehmen sich als »Querdenker« sieht, also als jemanden, der unkonventionell ist und neue Wege findet, kreativ ist, wird man in Süddeutschland als Querulant, Störenfried wahrgenommen. In China ist die Zahl »4« negativ behaftet, weil die Chinesen die Zahl »4« mit dem Tod verbinden. Von daher sollte kein Unternehmen je die »4« in einer Präsentation in den Vordergrund stellen. Beispiel: »die 4 Säulen der ... « Während die Essmanieren der Chinesen bei europäisch geprägten Ländern sehr schlecht ankommen. Das ständige Schmatzen, Rülpsen und Furzen bei Tisch sind für uns nur sehr schwer zu ertragen. Ich war 2014 zu einer Schulung in Shanghai. Die Teilnehmer waren bunt gemischt. Chinesen, Europäer sowie Nord- und Südamerikaner. Zu Beginn der Schulung setzten sich alle Teilnehmer gemischt an die Tische. Nach dem 2. Schulungstag saßen die europäischen und amerikanischen Kollegen abends an der Hotelbar. Wir redeten, tranken und lachten. Dann übernahm unser argentinischer Kollege das Wort und beschwerte sich über das Verhalten seines chinesischen Kollegen, der zu seiner linken Seite in der Schulung saß. »Ich ertrage das nicht mehr, der schmatzt und rülpst ununterbrochen. Egal, ob er etwas getrunken oder gegessen hat. Morgen setze ich mich um.«

Wir mussten ihn davon überzeugen, dass er weiter an seinem Platz blieb, weil er sonst ein Zeichen von mangelnden Respekt und Wertschätzung an seinen chinesischen Kollegen hinterlassen würde und dieser sich fragen würde, warum hat sich mein Kollege umgesetzt und diese Geste negativ aufnehmen würde. Das war ein mühevoller Akt an Kommunikation und Überzeugungskraft unseren Kollegen davon zu überzeugen auch am nächsten Schulungstag auf seinen Platz zu bleiben. Japaner, auch wenn sie in Teilen extrovertiert rüberkommen, sind eher ruhige und besonnene Zeitgenossen. Bei Geschäftsterminen ist es als Nichtjapaner empfehlenswert, ruhig und mit gedämpfter Stimme zu sprechen, weil für Japaner hektische Bewegungen und ein lautes Sprechen als respektloser Akt verstanden wird und dadurch die Beziehung stark geschädigt wird.

Wir können daher festhalten, wenn wir uns untereinander besser verstehen und miteinander besser auskommen wollen, muss ein jeder von uns sich des »Nachrichtenquadrats« bewusst sein und seine Kommunikationsverantwortung übernehmen sowie sich über interkulturelle Unterschiede erkundigen.

Informationsstand meines Kunden – Fluch und Segen der Informationsqualität

Wer einen Fehler gemacht hat und ihn nicht korrigiert, begeht einen zweiten.

(Konfuzius)

Häufig werden wir von der mangelnden Informationsqualität unserer Kunden geplagt und maßen uns an, die Informationen zu interpretieren, obwohl wir nicht wissen, was von uns gewünscht wird. Wir sind wohl die egoistischsten Geschöpfe auf unserem Planeten und ignorieren die fatalen Auswirkungen einer mangelnden Kommunikation. Zugegeben, das ist eine harte Aussage und dennoch stelle ich täglich fest, dass durch unsere Unwissenheit, wie wir richtig miteinander kommunizieren sollten, es zu Unstimmigkeiten, Missverständnissen und Konflikten kommt. Das wird zusätzlich durch die Situation verstärkt, dass wir oftmals nicht wissen, was wir wollen und somit die Unklarheit in unsere Kommunikation übertragen wird. Was wir durchaus als »Fluch« bezeichnen können. Warum? Weil durch eine unqualifizierte Information, welche noch unqualifizierter bewertet und verarbeitet wird, 0 Ergebnis erzielt werden kann, 0 Wertschöpfung, 0 Erfolg. Für den Empfänger der unqualifizierten Informationen ist es enorm mühselig, dem Sender alle wichtigen und qualifizierten Informationen sprichwörtlich »aus der Nase zu ziehen«, damit der Empfänger überhaupt in der Lage ist, anhand der Information Ergebnisse zu liefern.

Ich erhielt einmal eine E-Mail von einem Kunden, die folgendes beinhaltete:

»Hallo Herr Kosenitzky,
ich benötige ein Audit. Haben Sie einen Auditor für mich?«

Ein Paradebeispiel für eine unqualifizierte Information. Jetzt kommt die spannende Frage: »Wie verarbeiten wir derartige Informationen?« Ich behaupte, dass passiert auf unterschiedlichste Weise.

a) Eine Person organisiert einen Auditor und meldet dem Kunden zurück, »ich habe einen«.
b) Eine andere Person fragt den Kunden: »Bis wann benötigen Sie den Auditor?«
c) Noch eine andere Person antwortet: »Im Moment sind alle Auditoren besetzt.«
d) Und so weiter ...

Du glaubst mir nicht? Habe ich alles schon erlebt!

Der »Fluch« nimmt seinen Lauf ... denn der Kunde antwortet in der Regel mit Unverständnis und ist unzufrieden darüber, dass er weder verstanden noch auf ihn eingegangen wurde. Kommt das einmal vor, ist alles in Ordnung. Das bekommen wir geregelt. Doch was ist, wenn das mehrmals im Jahr, im Monat oder sogar in der Woche passiert, dass unsere Kunden so mit uns kommunizieren und wir nicht in der Lage sind, richtig darauf zu (re)agieren? Es entsteht für die betroffene Person Chaos, Stress, Unzufriedenheit mit sich selbst und über die Situation. Spätestens in dem Moment, in dem eine Aufhäufung der mangelnden Informationsqualität zu erkennen ist, müssen wir eine klare Grenze ziehen. Wir müssen eine bessere, klare und eindeutige Qualität der Information einfordern. Das ist unsere Verantwortung als Empfänger. Wenn wir das nicht machen, verlieren wir uns in dem Chaos und finden nicht mehr heraus. Das Labyrinth wird immer verstrickter und die Wege zum Ausgang werden durch weiteres Chaos versperrt.

Jetzt stellst Du Dir sicherlich die Frage: »Wo soll denn nun der Segen sein? Wie kann ich da noch etwas Positives entnehmen?«

Der Segen ist, dass wir durch eine mangelnde Informationsqualität gezwungen werden, Fragen zu stellen, um alle Informationen für das Gesamtbild einzusammeln. Und somit in die Routine gelangen, uns selbst und unsere Gesprächspartner zu einer sehr guten Informationsqualität zu erziehen. Sobald wir unsere Gesprächspartner darauf hinweisen können, dass deren Informationsqualität nahezu Mist ist, öffnen wir seine Augen und zu unseren Gunsten sensibilisieren wir ihn für eine bessere Informationsqualität.

Auswirkung für mich und mein Umfeld

Gehe nicht, wohin der Weg führen mag, sondern dorthin,
wo kein Weg ist, und hinterlasse eine Spur.

(Jean Paul)

Wir haben nun einige Ursachen betrachtet, die für »kundengetrieben« verantwortlich sind oder sein können. Wenn wir tief gefallen sind, hat das Auswirkungen auf uns selbst und unser Umfeld. Wir werden krank, depressiv. Weil uns nichts mehr gelingt und wir an uns zweifeln. Wir machen uns selbst Vorwürfe wie:

a. Ich bin so unfähig.
b. Ich bekomme das nicht hin.
c. Alles geht schief.
d. Immer muss das mir passieren.
e. Und so weiter ...

Durch den Stress, dem wir erlegen sind, greifen wir unser Selbstvertrauen an und machen uns kleiner, als wir sind. Wir fühlen uns irgendwie wertlos und strahlen das auch aus. Durch den hohen Stress und Druck auf unsere Person, teilweise durch Selbstmanipulation – weil wir uns negative Gedanken »einreden« und diese dann auch glauben – bricht irgendwann das Kartenhaus zusammen. Uns fehlt der Antrieb, morgens aufzustehen und den Tag mit Glück und Freude zu starten. Uns fehlt die geistige und körperliche Kraft, unsere Aufgaben abzuarbeiten. Sei es beruflich oder auch privat. Unsere Mitmenschen nehmen das wahr und wir bekommen unterschiedliche Kommentare mitgeteilt, in Form von Mitgefühl, Motivation, Kritik oder Unterdrückung.

Innerhalb von 3 Jahren stand ich zweimal kurz vor dem sogenannten »Burnout«. Beim ersten Mal musste ich mir sogar 5 Wochen Pause gönnen, weil ich durch die ewige Belastung Sinnesstörungen bekommen hatte und nicht mehr Herr meiner eigenen Agenda war. Eines Tages ging ich wie immer ins Büro, setzte mich auf meinen Bürostuhl, startete meinen Computer und las als Erstes meine E-Mails. In der rechten Hand die Maus und meine linke Hand streifte mit der Handoberfläche mein Kinn von links nach rechts. Ich schaute mir die Maus an, sah ihre normale Größe, doch mein Tastsinn sendete mir ein Bild an mein Gehirn, dass die Maus winzig klein ist. Ich war verwirrt. Ich sah doch die Maus mit eigenen Augen. Doch mein Gehirn sagte mir etwas anderes, als das, was ich sah. Während meine linke Hand mein Kinn von links nach rechts streifte, dachte ich, mein Kinn wäre 50 cm breit. Was unsinnig war. Denn ich wusste ja, was richtig ist. Daraufhin wurde ich sofort ins Krankenhaus geschickt. Ich wurde dort neurologisch untersucht, nicht dass ich mir ein Aneurysma zugezogen hatte. Das hätte die Sinnesstörung erklärt. Bei der Untersuchung wurde nichts festgestellt, was auf eine neurologische Beschädigung hinwies. Mein Gehirn war lediglich überlastet.

3 Jahre später saß ich heulend vor meinem Geschäftsführer und flehte ihn an, mich zu entlassen. Nichts hatte sich geändert. Ich war immer noch in meiner Welt, in meinen Glaubenssätzen gefangen. Ich konnte immer noch nicht »NEIN« sagen und dachte, dass ich es allen um mich herum recht machen muss. Und wie 3 Jahre zuvor manövrierte ich mich in das nächste emotionale Tief. Ich übernahm Aufgaben, obwohl ich keine Ressource freihatte, diese zu bewältigen. Ich kam der Aufgabenlast nicht hinterher. Ich lief über 2 Jahre 320 ungelesenen E-Mails und rund 100 unbearbeiteten Aktivitäten – aus dem ERP-System – hinterher und verursachte dadurch, dass sich Kunden und Kollegen über mich beschwerten, weil mein Service einfach zu lang dauerte. Bis mein Geschäftsführer davon in Kenntnis gesetzt wurde und mich zum Rapport zitierte.

Privat hatte das ebenfalls Einflüsse. Ich hatte zu kaum noch was Lust. Nur noch gelegentlich ging ich zum Sport. Freizeitaktivitäten machte ich zwar mit, obwohl ich lieber allein zu Hause geblieben wäre. Ich begann damit, mich zu isolieren und die Welt um mich herum dafür verantwortlich zu machen, dass es mir schlecht ging. Alle anderen waren schuld an meiner Situation. Streitigkeiten mit meiner Familie und meiner damaligen Freundin (jetzt Ehefrau) nahmen zu und langsam waren meine Familie und meine Freunde von mir genervt, dass ich mich so hängen ließ. Als ich selbst erkannt hatte, dass nur ich für mich und meine Situation verantwortlich war und dass ich zuerst eine Änderung bei mir einleiten musste, bevor sich mein Umfeld ändert, öffnete sich für mich die schwere, verschlossene Tür einen Spalt und ich erblickte den kleinen Lichtwurf in meine dunkle Welt. Also stand ich auf, öffnete und ging durch die Tür.

Der Weg zurück in die Kundenorientierung

*Ich kann freilich nicht sagen, ob es besser werden wird,
wenn es anders wird; aber so viel kann ich sagen:
Es muss anders werden, wenn es gut werden soll.*

(Georg Christoph Lichtenberg)

Sobald wir einmal in den Sumpf geraten sind, uns von unseren Kunden treiben zu lassen und wir die Kontrolle über uns und unser Handeln verloren haben, ist der Weg aus diesem Sumpf sehr schwer und mit vielen Hindernissen bedeckt. Sich aus diesem Sumpf eigenhändig rauszuziehen, geht nicht von heute auf morgen. Das kann ich aus eigener Erfahrung berichten. Im ersten Anlauf brauchte ich 5 Wochen, um geistig abzuschalten und durch täglichen Sport meinem Körper ein Ventil zum »Dampf ablassen« zu geben. Nach 5 Wochen ging es mir geistig und körperlich gut und ich fing wieder an, mich in der Arbeitswelt zu zeigen. Was ich damals nicht wusste, war, dass die geistige und körperliche Fitness nicht ausreicht, um sich dem Sumpf nachhaltig fernzuhalten. Der aus meiner Sicht größere Hebel, um das zu schaffen, sind Glaubenssätze. Glaubenssätze, die so stark sind, dass sie uns unterbewusst steuern. Kennst Du die Redewendung »sich etwas (r)einreden«? Redest Du Dir etwas Schlechtes, Negatives ein wie, »ich bin schlecht« oder »ständig mache ich Fehler«, dann fängst Du an, das irgendwann zu glauben und Dein Unterbewusstsein übernimmt das als innere Haltung. Was dazu führt, dass Dich diese innere Haltung leitet und Dein Verhalten zu Dir und zu anderen beeinflusst. Damit wir den Weg zurück in die Kundenorientierung finden, habe ich festgestellt, dass der steinige Weg nur dann erfolgreich ist, wenn die Glaubenssätze es zulassen. Also gute und positive Glaubenssätze helfen dabei, sich nicht treiben zu lassen, weil uns unser Selbstwertgefühl und unser Selbstvertrauen davor schützen. Ein wichtiger Glaubenssatz ist: »Ich bin gut, ich mache Fehler und das ist gut so, weil ich aus Fehlern lerne und wachse.«

In einer bekannten Studie haben Ärzte und Wissenschaftler die Macht von Glaubenssätzen belegt. Die Wissenschaftler haben für ihre Studie einen Aufruf gestartet. Zum einen luden sie Personen ein, die von sich der Meinung waren, dass sie »Glückspilze« sind und ihnen regelmäßig Gutes widerfährt. Zum anderen luden sie Personen ein, die genau das Gegenteil von sich glaubten. Nun wurden die Gruppen geteilt und die Personen mussten in einer stillen Ecke eine Zeitschrift durchlesen. Was die Teilnehmer nicht wussten, dass die Wissenschaftler in der Zeitschrift eine Annonce eingestellt hatten. Die Annonce war auf einer ganzen Seite zu sehen und beschrieb, dass diejenigen, die die Annonce lesen, ihre Aufgabe sofort beenden sollen, die Annonce aus der Zeitschrift rausreißen und den verantwortlichen Wissenschaftler vorzeigen sollen und im Gegenzug 100,– € bekommen.

Was glaubst Du, wie die Studie ausgegangen ist?

Richtig, alle Teilnehmer, die von sich aus glaubten, dass sie »Glückspilze« sind, haben die Annonce wahrgenommen und ihre 100,– € erhalten. Alle Teilnehmer, die von sich aus glaubten, dass sie »Pechvögel« sind, haben die Annonce übersehen und keine 100,– € bekommen. Das Fazit dieser Studie ist, dass uns unsere Glaubenssätze leiten und unsere Wahrnehmung positiv oder auch negativ beeinflussen.

Damit Dir der Weg aus dem »kundengetrieben« gelingt, beginne damit, Dir gute und positive Attribute und Glaubenssätze »einzureden«. Vertraue mir, es hilft!

Dann schaffe Dir ein Ventil, außerhalb Deines Jobs, das Du dazu nutzt, Frust und Dampf ablassen zu können. Das kann in irgendeiner Art und Weise Sport sein – Angebote gibt es ja in Hülle und Fülle – oder Meditation, oder andere Freizeitaktivitäten, bei denen Du abschalten kannst.

Für meinen Teil kann ich Dir sagen, dass ich mich sportlich betätige und heute regelmäßig meditiere. Dabei erzeuge ich Energie und ein gutes Körpergefühl. Beides lässt mich ausgeglichener wirken und die erzeugte Energie gibt mir Kraft, Ausdauer und Motivationen, auch in stressigen Situationen einen kühlen Kopf zu bewahren. Um der ganzen Thematik rund um Glaubenssätze, persönliches Wohlgefühl und geistige Stärke mehr Verständnis entgegenzubringen, habe ich angefangen, Bücher zu lesen, die sich mit dieser Thematik befassen. Das erlangte Wissen hat mir enorm geholfen, die unterschiedlichen Situationen, Ereignisse und Verhalten besser zu verstehen und mit ihnen umzugehen. Das Wissen über Kommunikation, die Auswirkung von guten und schlechten Glaubenssätzen, wie unsere Gedanken unseren Körper steuern und unser Körper unsere Gedanken und was sich psychologisch dahinter verbirgt und wie ich dieses Wissen für mich nutzen kann, hat mir einen roten Faden an die Hand gegeben, an dem ich mich orientieren kann.

Denn der wichtigste Kunde für Dich, bist Du selbst. Erst wenn Du zufrieden bist, kannst Du andere zufriedenstellen.

Du bekommst am Ende dieses Buches eine Liste von Büchern, die ich gelesen habe und die mir empfohlen wurden. Vielleicht ist etwas für Dich dabei, was Dich weiterbringt.

Der Kunde ist König, aber nicht Gott

Sei Du selbst die Veränderung,
die Du Dir wünschst für diese Welt.

(Mahatma Gandhi)

Eine bekannte Redewendung lautet: »Der Kunde ist König!« Diese Redewendung impliziert aus Sicht von Menschen aus meinem Umfeld, dass der Kunde immer recht hat, ihm jeder Wunsch erfüllt werden muss. Ich bin der Meinung, dass diese Redewendung ein hohes Potenzial an Gefahr beinhaltet, weil sie unter Umständen falsch verstanden und umgesetzt wird. Die Gefahr besteht darin, dass der Kunde in ein zu helles Licht gestellt wird und die königgleiche Position zu einer »Gottheit« wird, weil ohne Umschweife dem Kunden jeder Wunsch erfüllt wird, ohne abzuklären, ob es überhaupt Sinn macht. Teilweise laufen wir Gefahr, dass wir dem Kunden Wünsche erfüllen, die weder Bestandteil des Auftrags noch in irgendeiner anderen Weise vereinbart sind und somit unentgeltlich Leistung erbracht wird. Wenn der Kunde so bedient wird, dann wird er zur »Gottheit« und nutzt seine Möglichkeiten auf charmante Art und Weise aus. Natürlich soll es das Ziel sein, unseren Kunden zufriedenzustellen und ihm das Gefühl zu geben, dass er jederzeit auf uns zukommen kann, wenn er etwas benötigt. Jedoch müssen wir darauf achten, dass wir unsere Interessen und Werte nicht aufgeben oder verlieren.

Auch bei Königen ist es mal angebracht und erlaubt, eine Grenze zu ziehen und klar Position zu beziehen, indem wir unserem Kunden mutig entgegentreten und ihn einfach fragen, ob das eine oder andere für ihn in Ordnung ist, insbesondere wenn beide Seiten einen Vorteil davon haben. Wenn wir das als Unternehmen oder als Person beherzigen und umsetzen, beginnt eine Phase der partnerschaftlichen Beziehung, die unser Kunde mehr schätzen wird als erwartet. Sind wir doch mal ehrlich, wer von uns möchte mit jemandem zusammenarbeiten, der nur Ja und Amen sagt und uns dadurch verwehrt, dass wir die beste Lösung für uns bekommen.

Dazu möchte ich Dir zwei Erlebnisse mitgeben.

1. Ich habe für ein Unternehmen gearbeitet und war als Großkundenbetreuer dafür verantwortlich, jährlich eine Planung und Kalkulation zu erstellen, damit die Dienstleistung erbracht werden konnte. Im Zuge dessen hatte ich mir die Frage gestellt, ob meine Kunden auch eine 3- bis 5-jährige Planung und Kalkulation bevorzugen würden, weil sie dadurch eine bessere Planbarkeit hatten und ihre Budgets besser im Blick hätten. Ich kam auf diesen Gedanken, weil das bei einer meiner vorherigen Beschäftigungen total normal war. Also fragte ich meine Kunden und alle stimmten mir begeistert zu und freuten sich, kurz darauf ihre 3- bis 5-jährigen Planungen zu bekommen. Mit meinem Erfolg im Rücken schlug ich dieses Prozedere im nächsten Teammeeting vor und stellte die Frage, ob das nicht für jeden der Großkundenbetreuer und seiner Kunden interessant sei, weil a) wir uns als Großkundenbetreuer in den Folgejahren Arbeitszeit ersparen und b) unsere Kunden nur Vorteile bekommen, weil sie ihre Budgets für die kommenden 3 bis 5 Jahre vorplanen konnten. Was glaubst Du, welche Antworten ich erhielt?

   Nein, das geht nicht. Meine Kunden wollen das nicht.

   Daraufhin stellte ich die Frage, ob denn einer seine Kunden schon einmal darauf angesprochen und diese Verbesserung vorgestellt hätte. Und wieder ... Meine Kunden wollen das nicht.

   Darauf erwiderte ich, dass mich das irgendwie verwundert und meine Kunden dann unnormal sein müssen. Denn jeder Kunde hat meinem Vorschlag zugestimmt.

   Die Blicke und die stille Reaktion verblüfften mich. Als dann noch meine Führungskraft das Thema zur Seite schob, war für mich alles klar. Hier wird nicht kundenorientiert gearbeitet. Hier wird frech angenommen zu wissen, was der Kunde gut findet und was nicht – ohne ihn zu fragen. Wer sich so verhält, traut sich nicht, seinen Kunden zu fragen, weil er seinen Kunden bereits auf die höchste Ebene gestuft hat, wo er glaubt, dass Fragen nicht gestattet sind.

2. Ich habe bei 3 Unternehmen gearbeitet, die in der Systemzertifizierungsbranche unterwegs waren. Um als akkreditierter Zertifizierer zugelassen zu werden, muss sich jeder Zertifizierer einer Prüfung unterziehen, in der seine Verfahren, Prozesse und Mitarbeiterqualifikationen begutachtet und mit den Vorgaben des Akkreditierers verglichen werden. Ist der Vergleich positiv, wird die Zulassung ausgesprochen. Eine Vorgabe ist, dass bei Zertifizierungsverfahren der Zertifizierer eine »fachliche Prüfung« des Vorgangs durchführen muss, ob alle Vorgaben eingehalten wurden. Und jetzt beschreibe ich Dir zwei unterschiedliche Ansätze, wie ein Zertifizierer seinem Kunden, dem Akkreditierer, entgegentritt. Der eine Zertifizierer hat in seinen Prozessen entschieden, dass eine »fachliche Prüfung« nur bei einem Zertifizierungsaudit notwendig ist und nicht auch bei Überwachungsaudits. Bei den Überwachungsaudits hat sich eine leitende Person Stichproben seiner Mitarbeiter angesehen und geprüft, ob die Kundenbetreuer nach ihrem Prozess gearbeitet haben – sprich, ob alle notwendigen Unterlagen vorhanden sind und diese vom Prüfer richtigerweise ausgefüllt wurden. Dieses Verfahren wurde dem Akkreditierer vorgestellt und freigegeben. Perfekt.

Der andere Zertifizierer, der vom selben Akkreditierer als Zertifizierer zugelassen wurde, hatte sich komplett was anderes ausgedacht. Dieser Zertifizierer hat für sich bestimmt, obwohl es keine formale Forderung dafür gibt, dass es bei jedem Audit – Zertifizierungs- und Überwachungsaudits – eine »fachliche Prüfung« gibt. Auf meine Frage an die verantwortliche Person, warum so agiert wird, obwohl es keine formale Forderung dafür gibt, bekam ich eine sehr unbefriedigende Aussage. Der Akkreditierer will das so. Dieser Zertifizierer war dem Akkreditierer hörig und devot. Man nahm an zu wissen, was der Akkreditierer zulassen würde und was nicht.

In beiden Erlebnissen haben die Großkundenbetreuer und ein Unternehmen ihre Kunden nicht mehr nur als König angesehen, sondern als »Gott«. Sie haben sich nicht mehr getraut, Fragen zu stellen und kundenorientiert die beste Lösung zu finden.

Auch ich dachte sehr lange, dass mein(e) Kunde(n) nicht nur König, sondern mehr sind und ich ihnen jedes Anliegen, jeden Wunsch diskussionslos erfüllen muss. Nach und nach wurde ich zum Getriebenen und meine Kunden beherrschten meinen Tagesablauf. Irgendwann kam ich an einem Punkt, der für mich wegweisend war.

Nachdem ich selbst zwei unschöne Situationen erlebt hatte und für mich klar war, das passiert mir so nicht mehr, wurde mir bewusst, dass ich in der Pflicht war, meine Haltung zu ändern und mich klarer und stärker zu positionieren. Mir war klar, dass ich es nicht jedem recht machen muss und vor allem auch nicht darf. In erster Linie ist jeder unserer Kunden ein Mensch, egal welchen Status wir ihm zuteilen oder er sich selbst zuteilt, ob Gott, König oder Gast. Wichtig ist nur, wie weit wir es zulassen. Es gibt immer einen, der macht und einen der mit sich machen lässt. Der, der mit sich machen lässt, bestimmt den Status seiner Kunden.

In den folgenden 3 Kapiteln gehe ich tiefer darauf ein, was ich an mir geändert habe, obwohl mir damals unklar war, wie groß der positive Effekt sein wird. In erster Linie ging es mir darum, mich selbst zu schützen und meine Kommunikationsqualität zu verbessern.

Mein Wertempfinden

Nur wer seinen eigenen Weg geht,
kann von niemandem überholt werden.

(Marlon Brando)

Aus meiner Sicht das Wichtigste, was ich für mich getan habe.

Denn mir war bewusst geworden, dass ich meine Werte, also das, was mir wichtig ist, ausgeblendet hatte. Zum Wohle für meinen Arbeitgeber und meiner Kunden. Also habe ich damit begonnen, mir die Fragen zu stellen: Was ist mir wichtig? Nach welchen Werten möchte ich leben und handeln?

Mir ist wichtig, dass ich mich für niemanden mehr so vernachlässige und mich krank mache, dass ich mich mit Menschen umgebe, die mich respektvoll und wertschätzend behandeln. Dass ich für Fremde immer ein freundliches Wort übrig habe und wenn es »nur« ein nettes und ehrliches »guten Morgen« beim Bäcker ist. Ich mich selbst nicht mehr limitiere und mich von niemandem limitieren lasse.

Daraus habe ich mir meine Werte abgeleitet, die für mich heilig sind und die ich für keinen Preis der Welt aufgebe.

Respekt, Wertschätzung, Schutz meiner Gesundheit, tue alles mit Liebe und Leidenschaft, Vertrauen, Achtung und Höflichkeit.

Inazo Nitobe beschreibt in seinem Buch »Bushido, der Ehrenkodex der Samurai« das Wesen japanischer Philosophie und recherchierte das Leben der Samurai. Im 5. Kapitel auf Seite 51, letzter Satz, hat er mir mit einer Aussage aus dem Herzen gesprochen.

»Bescheidenheit und Wohlwollen, getragen von Respekt vor den Gefühlen anderer, sind der Ursprung wahrer Höflichkeit.

Mich faszinieren die östliche Philosophie und Religion. Wer bereits mit Asiaten zu tun hatte, auch im beruflichen Bereich, der kann sicherlich bestätigen, dass Asiaten eine demütige Haltung einnehmen und sehr darauf achten, die Grenze zu Respektlosigkeit und Unhöflichkeit nicht zu überschreiten. In jeder Minute wird versucht, eine Atmosphäre von Friedlichkeit und Respekt aufzubauen, um zu signalisieren, dass die Asiaten in friedlichen Absichten gekommen sind.

Noch heute ist es so, dass Asiaten – unter anderem bei Japanern oder Koreanern – die Businesskarten (Visitenkarten) locker gegriffen zwischen Daumen und Zeigefinger der linken und rechten Hand an den Empfänger, mit einer Verbeugung, übergeben werden. Diese Geste symbolisiert Achtung, Respekt und Frieden. Der, der die Businesskarte empfängt, reagiert in der Regel mit selbiger Geste und nimmt die Businesskarte mit beiden Händen an und verbeugt sich ebenfalls. Dabei erwidert der Empfänger seinem Gegenüber, ich verstehe Dich und wir haben die gleichen Absichten.

Ein weiterer Aspekt, der nicht unterschätzt werden darf, ist, dass ich bewusst wie unbewusst Ausschau danach gehalten habe, welche Werte mein Umfeld vertritt. Passen die Werte meines Arbeitgebers mit meinen Werten überein, damit beide Seiten in der Lage sind, an einem Strang zu ziehen und ich als Arbeitnehmer den höchstmöglichen Nutzen für meinen Arbeitgeber und auch für mich erreichen kann. Passen die Werte nicht überein, so ist die Beziehung zum Scheitern verurteilt und erzeugt dadurch Enttäuschung sowie Frust auf beiden Seiten. Wer sich in der Situation befindet, dass seine Werte von den Werten seines Arbeitgebers abweichen, dem empfehle ich, den Arbeitgeber zu wechseln. Andernfalls besteht die Gefahr einer großen Enttäuschung und ggf. auch das Abrutschen in das »Kundengetriebensein« und somit auch in ein gesundheitliches Loch zu fallen. Was im beruflichen Umfeld passen muss, muss auch im privaten passen. Wie bereits oben mehrfach genannt, sind wir

»nur« Menschen und wenn ein großer Baustein in unserem Leben ins Bröckeln gerät, hat das Auswirkungen auf das gesamte Fundament. Mir kann niemand erzählen, dass ein unzufriedenstellendes Privatleben durch ein zufriedenstellendes Berufsleben, oder umgekehrt, so aufgewogen werden kann, dass jemand unterm Strich positiv und zufrieden ist. Irgendwann holt die Unzufriedenheit die Zufriedenheit ein und reißt ein großes Loch in uns auf. Klar, jeder Mensch ist für sein Leben selbst verantwortlich und entscheidet mit wem er/sie sein Leben verbringen möchte, also wen er/sie in sein Leben lässt. Dazu sind Werte, nach denen wir leben nicht nur hilfreich, sondern notwendig. Nur so finden wir die richtigen Menschen für unser Leben.

Welche Werte hast Du? Hast Du Dir darüber schon Gedanken gemacht und einmal Deine Werte aufgeschrieben? Und hast Du Dir darüber Gedanken gemacht, dass Du vielleicht unterschiedliche Werte zwischen Deiner Partnerschaft, im Beruf, im Sport, in der Freundschaft hast?

Ich möchte Dich einladenn, Dir kurz Zeit zu nehmen. Zeichne auf einem Zettel einen Kreis. Unterteile den Kreis in 8 »Kuchenstücke« und schreibe um den Kreis, je »Kuchenstück«, eine Kategorie (Familie, Partnerschaft, Freunde, Beruf, Sport). Falls Dir mehr einfallen, darfst Du alle 8 »Kuchenstücke« benennen. Nun schreibe je Kategorie 3 bis 10 Werte auf. Diese können und dürfen auch mehrfach in jeder Kategorie auftauchen. Nun bewerte Deine Werte mit einer Zahl von 1 – 10, wobei 10 sehr wichtig bedeutet und 1 sehr unwichtig. Falls es Dir schwerfällt, Dich darauf zu konzentrieren und Dich auf mindestens 3 Werte festzulegen, findest Du auf der nächsten Seite einige Vorschläge. Bitte lies Dir die Werte der Reihe nach durch und unterstreiche die Werte, bei denen Du auf Anhieb eine Identifikation gespürt hast.

Abenteuer	Frieden	Neutralität
Aktivität	Fröhlichkeit	Offenheit
Achtsamkeit	Fürsorglichkeit	Optimismus
Akzeptanz	Geduld	Ordnungssinn
Altruismus	Gelassenheit	Pflichtgefühl
Andersartigkeit	Gerechtigkeit	Pünktlichkeit
Anmut	Gesundheit	Respekt
Anerkennung	Glaubwürdigkeit	Sauberkeit
Ansehen	Großzügigkeit	Selbstvertrauen
Ästhetik	Güte	Sicherheit
Aufmerksamkeit	Harmonie	Spaß
Authentizität	Herzlichkeit	Tapferkeit
Begeisterung	Hingabe	Teilen
Beharrlichkeit	Höflichkeit	Toleranz
Besonnenheit	Humor	Treue
Dankbarkeit	Innovation	Tradition
Demut	Inspiration	Transparenz
Dienen	Intelligenz	Tüchtigkeit
Disziplin	Interesse	Unabhängigkeit
Effektivität	Intuition	Verantwortung
Effizienz	Kontrolle	Vertrauen
Ehrlichkeit	Kreativität	Verzeihen
Empathie	Leichtigkeit	Verlässlichkeit
Erfüllung	Leidenschaft	Wachsamkeit
Erkenntnis	Loyalität	Weisheit
Fairness	Macht	Wahrheit
Fantasie	Menschlichkeit	Weitsicht
Fleiß	Mitgefühl	Weltverbesserung
Flexibilität	Motivation	Würde
Freiheit	Mut	Zielstrebigkeit
Freude	Nachhaltigkeit	Zuneigung
Freundlichkeit	Nächstenliebe	Zuversicht

Hast Du Dir Deine Werte aufgeschrieben?

Sehr gut. Diese Übung schafft Dir Klarheit über das, was Du willst und über Deine Werte. Du wirst festgestellt haben, dass Du je Kategorie etwas unterschiedliche Werte aufgeschrieben hast. Das liegt daran, dass wir in unterschiedlichen Bereichen auch unterschiedliche Erwartungen, Bedürfnisse, Ziele und Werte haben. Vielleicht ist Dir die Karriere im Beruf eher unwichtig, jedoch beim Sport (vielleicht bei einem Wettkampfsport) blühst Du auf und willst immer gewinnen, besser werden und erfolgreich sein. Der Sport ist Deine Leidenschaft, Dein Beruf Mittel zum Zweck. Wenn wir uns darüber im Klaren sind, welche Werte in welchen Bereichen für uns am wichtigsten sind, dann können wir uns klarer positionieren und für ein Gleichgewicht sorgen, indem wir für jeden Bereich das richtige Umfeld finden. Den richtigen Arbeitgeber, den richtigen Verein, die/den richtige/n Partner/in und so weiter. Wir sind ruhig, entspannt und leben unsere Werte in Fülle aus.

Du bist gut, ich bin gut

Wer etwas wert ist, den machen Erfahrungen und Unglück besser.

(Johann Heinrich Pestalozzi)

Ein Grundsatz für eine erfolgreiche Kommunikation besagt, dass es bei der Kommunikation immer um das Selbstwertgefühl geht. Bei sich selbst und beim Kommunikationspartner(n). Anders ausgedrückt, optimal kommunizieren heißt, das Selbstwertgefühl des anderen zu achten. Doch bevor wir das Selbstwertgefühl anderer achten können, müssen wir zuerst uns selbst achten und schätzen können. Also mit uns selbst im Reinen sein. Erst wenn wir mit uns selbst im Reinen und authentisch sind, sind wir befähigt, andere zu achten und die jeweilige Kommunikationssituation mit uns im Einklang zu bringen und Stimmigkeit zu erreichen. Warum ist das so wichtig? Weil wir zumindest teilweise auf die Beurteilung anderer angewiesen sind, um unseren eigenen Selbstwert zu finden. Diese Beurteilung erhalten wir immer in dem Prozess der Kommunikation. Stellen wir uns diesem Prozess entgegen oder missachten ihn, verhindern wir somit, dass uns andere eine Beurteilung zukommen lassen. Sobald das Selbstwertgefühl, bei welchem Kommunikationspartner auch immer, verletzt wird, leidet die Kommunikation und ein Erfolg scheint aussichtslos.

Was bedeutet das für uns?

Für uns bedeutet das, dass wir damit beginnen – und ich habe damit begonnen – vor, während und nach der Kommunikation Menschen als »gut« zu betrachten. Jeder Mensch ist gut, ist okay. Ich habe mir abgewöhnt, über andere Menschen zu lästern oder zu urteilen, auch wenn mir deren Verhalten unpassend und unangebracht erscheint.

Ich unterscheide bewusst zwischen dem Menschen und seinem Verhalten. Oft ist es nämlich so, dass sich Menschen sonderbar verhalten, etwas Falsches tun und dann aufgrund ihres Verhaltens auf ihr Sein geschlossen wird. Beispiel: Jemand verhält sich faul, weil er eine Aufgabe unerledigt lässt und lieber auf dem Sofa liegt und eine Serie schaut. Ist der Mensch nun per se faul? Nein! Doch wir neigen dazu, ein Verhalten als Sein zu betrachten und somit den Menschen in seinem Sein zu be- und verurteilen und ihn in eine Schublade zu stecken.

Du bist faul!

Du bist ein Sturkopf!

Du bist nachlässig!

Du bist ungeeignet!

Du bist doof!

Du bist fleißig!

Du bist zuverlässig!

Du bist klug!

Du bist charmant!

Natürlich kann ein wiederholtes Verhalten irgendwann in das Unterbewusstsein verankert werden und auch das Sein beeinflussen. Doch dieser Prozess führt in zwei Richtungen, in die positive und in die negative.

Positiv: Durch gutes Verhalten, diszipliniertes Verhalten und gute Glaubenssätze entspringt ein erfolgreicher Mensch, dem Erfolg als Sein nachgesagt wird. »Dieser Mensch ist erfolgreich«. Auch hier ist die Vermischung zwischen Sein und Verhalten genauso ungenau, wie oben beschrieben.

Negativ: Durch schlechtes Verhalten, undiszipliniertes Verhalten und durch schlechte Glaubenssätze entspringt ein erfolgloser Mensch. Diesem Menschen wird nachgesagt, er ist faul und erfolglos.

Damit wir von dem »Du bist gut, ich bin gut« profitieren, müssen wir aufhören Menschen nach ihrem Verhalten zu bewerten und in eine Schublade zu stecken. Lass uns damit beginnen, den Menschen in seinem Sein zu betrachten und das als »gut« zu bewerten. Ungeachtet wie sich der Mensch verhält, sich kleidet oder sonst irgendwelche Dinge tut, die für uns komisch erscheinen und uns dazu verleiten eine Bewertung vorzunehmen. Sobald wir eine voreingenommene Haltung einnehmen und in eine Kommunikation einsteigen, behindert uns diese Haltung, objektiv zu bleiben und auf »Augenhöhe« miteinander zu kommunizieren.

Dieser Ansatz stammt nicht aus einer meiner kreativen Ideen und ist total neu oder revolutionär. Nein.

In Deutschland hat Vera F. Birkenbihl (1946–2011), als Kommunikations- und Transaktionstrainerin bereits in den 90er Jahren das vorgelebt und Thomas Anthony Harris hat in seinem Buch »Ich bin o.k. – Du bist o.k. Eine Einführung in die Transaktionsanalyse« von 1975 dafür den Grundstein gelegt. Thomas A. Harris beschreibt in seinem Buch, wie es dazu kommt, dass sich ein Mensch als o. k. oder nicht o. k. sieht und fühlt und welche Auswirkung das in seinem Verhalten und in seiner Interaktion mit anderen Menschen hat. Wenn Du Dich für das Thema interessierst, dann empfehle ich Dir herzlichst, sein Buch zu lesen. Es hilft dabei, sich selbst und andere besser zu verstehen. Thomas A. Harris hat seine Erkenntnisse in einem Schaubild verdeutlicht.

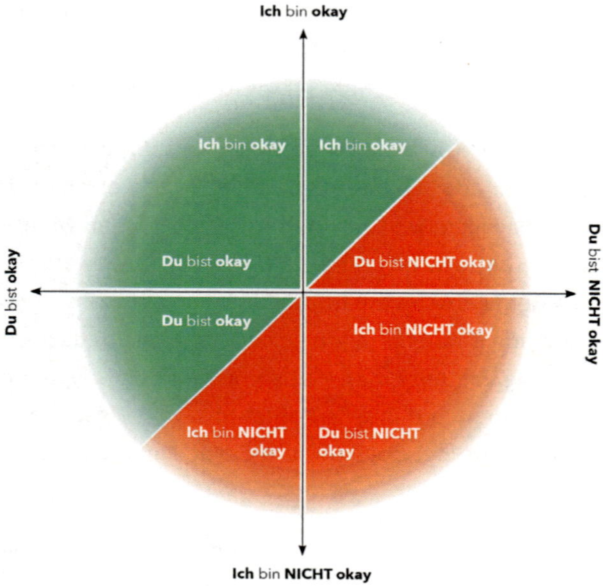

Vera F. Birkenbihl hat daraus folgendes gemacht.

		Der Andere	
		Win („du bist okay")	Lose („du bist nicht o.k.)
Ich selbst	Win („du bist okay")		
	Lose („du bist nicht o.k.)		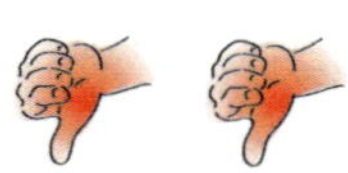

Eine Ursache von kommunikativem Misserfolg kann durchaus sein, dass wir uns in einem der drei »losen« Quadranten befinden und uns wundern, warum zum Teufel komme ich nicht voran. Also sei Dir stets bewusst, wie Deine Haltung zu Dir selbst und zu anderen Deine Kommunikation beeinflusst.

Ein weiterer Ansatz, um mehr Verständnis für andere Menschen zu bekommen und dadurch die eigene Kommunikationsqualität zu steigern, ist ein Ansatz aus dem NLP – Neuro-Linguistisches-Programmieren.

Die NLP-Methode wurde in den frühen 70er Jahren von zwei Menschen in den USA entwickelt. Richard Bandler und John Grinder. Richard Bandler war zu dieser Zeit Mathematikstudent und John Grinder Professor für Linguistik. Sie lernten sich an der University of California in Santa Cruz kennen. John Grinder war hochinteressiert, fortgeschrittene Lernmethoden zu finden und diese zu erforschen. Dabei wurde er auf die Arbeiten von Richard Bandler aufmerksam und beide befassten sich damit, wie sie fortgeschrittene Lernmethoden anderen Studenten vermitteln können. In ihrer Zusammenarbeit, während sie etliche Seminare mit Studenten durchführten, stellten sie fest, dass die Seminarteilnehmer einen spannenden Veränderungsprozess durchlebten. Um der Ursache stärker auf den Grund gehen zu können, beschäftigten sie sich mit einer zentralen Frage, warum manche bekannten Psychotherapeuten so viel Erfolg in ihrer Arbeit mit ihren Patienten hatten und worauf dieser Erfolg beruhte, während gleichzeitig vielen anderen, die die gleichen Patienten mit den gleichen Störungen behandelten, nicht gelang, solche dramatischen Veränderungen herbeizuführen. Ihre Ausgangshypothese bestand darin, dass sie den erfolgreichen Psychotherapeuten ein gemeinsames bzw. ähnliches Verhaltensmuster in ihrer Arbeit mit Menschen unterstellten, aufgrund dessen sie solche hervorragenden Resultate erzielen konnten.

Nach jahrelanger Forschung und Beobachtung von therapeutischen Sitzungen erstellen John Grinder und Richard Bandler ihre NLP-Methode, welche auf 15 Grundannahmen basiert. Eine dieser 15 Grundannahmen, die 5., bezieht sich darauf, welche Perspektive, welche Wirklichkeit jeder einzelne Mensch durch seine Augen, durch sein Gehirn und seine Emotionen auf die Welt hat. Wir sollten uns bewusst werden, dass unsere Perspektive auf die Welt eine andere ist als die von anderen Menschen. Deine Perspektive ist eine andere als meine. Wenn wir das für uns annehmen, Aussagen wie Verhaltensweisen anderer erst einmal beobachten und wertfrei analysieren, ohne Vorurteile sprechen zu lassen, ohne uns darüber aufzuregen, und uns den Hintergrund ansehen, warum sich jemand so verhält, wie er sich verhält oder etwas Bestimmtes sagt, dann neigen wir dazu, unsere Emotionen in Zaum halten zu können und andere nicht zu verurteilen oder in eine bestimmte Schublade zu stecken. Wir betrachten den anderen Menschen als o.k. und verstehen seine Situation. Denn für den anderen Menschen ist alles in Ordnung. Er verhält sich, aus seiner Perspektive, genau richtig.

Eine kleine Übung für Dich.
Beginne ab heute damit, Deine Mitmenschen durch die Brille »Du bist o.k.« zu sehen. Beginne damit, Dich selbst als o.k. zu sehen und baue stetig mehr Verständnis für Deine Mitmenschen auf und höre damit auf, Dich über Verhaltensweisen anderer Menschen aufzuregen. Denn sie haben eine andere Perspektive auf die Welt als Du. Du wirst merken, dass Du von Tag zu Tag entspannter wirst, Dich weniger über andere aufregst und dass Du Deine Energie auf Lösungen richtest anstatt auf Probleme.

Haltung und Positionierung

Qualität bleibt bestehen,
wenn der Preis längst vergessen ist.

(H. Gordon Selfridge)

Wer von sich nicht überzeugt ist, nicht an sich und seine Fähigkeiten glaubt und nicht weiß, was er will, wird in der Außenwirkung immer anecken. Das habe ich selbst erlebt. Daher ist die richtige Haltung und die richtige Positionierung enorm wichtig. Was meine ich damit konkret?

Mit Haltung meine ich Deine Körperhaltung. Stelle Dich kurz vor einen Spiegel und betrachte Deine Körperhaltung.

Zurück? Gut. Wie sieht Deine Körperhaltung aus? Ist sie gebeugt mit nach vorne fallenden Schultern und schlaff? Oder ist sie aufrecht mit nach hinten gestreckten Schultern und Du fühlst eine gesunde Körperspannung?

Die Körperhaltung verrät uns einiges über unsere Emotionen und unsere Gedanken. Jemand, der sich eher unzufrieden oder gebrochen fühlt und wenig bis gar kein Selbstvertrauen verfügt, der wird mit großer Wahrscheinlichkeit nicht mit einer positiven Körperhaltung durch die Welt stolzieren. Also aufrecht mit nach hinten gestreckten Schultern und einer gesunden Körperspannung. Eher wird die Körperhaltung negativ aussehen, gebeugt, mit nach vorne fallenden Schultern und ohne Körperspannung. Wenn jemand schlecht drauf ist und negative Gedanken hat, wird sich das auch in seiner Körperhaltung widerspiegeln.

Das Schlimme an einer schwachen, negativen Körperhaltung ist, sie macht uns zum Opfer. Stärkere Menschen mit viel Selbstvertrauen wittern das wie ein Raubtier und werden das zu ihrem Vorteil nutzen.

In der Gewaltprävention und in der Selbstverteidigung wurden in den vergangenen Jahrzehnten eine Vielzahl an Experimenten durchgeführt, um Gewaltdelikte gegen Passanten zu erforschen. Man hat herausgefunden, dass gewaltbereite Menschen sich zu über 90 % ihre Opfer aussuchen, die eine schwache und negative Körperhaltung haben. Die in irgendeiner Art und Weise Unsicherheit ausstrahlen. Ob sich ein Einzeltäter ein schwaches Opfer aussucht oder eine Gruppe ein stärkeres Opfer, unterm Strich gewinnt immer der Stärkere. Bei derartigen Delikten folgt der Täter einem territorialen Ritus, ähnlich wie bei Tieren. Er will sein Opfer nicht nur ausrauben oder verletzten, der Täter will sein Opfer darüber hinaus erniedrigen und seinem Opfer unmissverständlich mitteilen, dass hier kein Pokal zu gewinnen ist.

Im Arbeitsalltag zeigt sich das gleiche Verhalten, lediglich ohne offenkundige Verletzungen. Ein Business-Täter raubt seinem Opfer die Energie, überfordert es mit Aufgaben, plant Intrigen und verursacht dadurch seelische und mentale Wunden. Ich finde, das ist eine sehr erniedrigende Behandlung und hat in unserer heutigen Welt nichts verloren.

Also was tun, um nicht mehr Opfer sein zu müssen?

Zuallererst nimm bewusst eine positive und starke Körperhaltung ein, auch wenn Dir nicht danach ist. Wie bereits erwähnt, beeinflussen unsere Gedanken unsere Körperhaltung und unsere Körperhaltung unsere Gedanken. Wenn wir bewusst eine positive und starke Körperhaltung einnehmen, wird das eine positive Auswirkung auf unsere Gedanken und unsere Gefühlslage nehmen. Dann sei Dir Deiner inneren Haltung zur Sache sicher. Also zu dem Thema, welches Du verantwortest und bearbeitest. Sobald Dir jemand inhaltlich etwas vormachen kann und Dich als Opfer sieht, wird es schwierig, sich zu behaupten. Wenn Du inhaltlich fit bist, dann kannst Du sachlich Paroli bieten und das wird einen positiven Effekt auf Deine allgemeine Haltung und Dein Selbstvertrauen haben. Ich weiß, wie es ist, wenn man in einem Bereich arbeitet, in dem man sachlich weniger weiß, als alle um einen herum und somit nicht in der Lage ist, sich zu behaupten und Kompetenz zu zeigen. Mich hat das stark beschäftigt und an mir genagt. Bis ich zu dem Entschluss gekommen bin, mich auf das zu konzentrieren, was ich sehr gut kann und in dem mir niemand so leicht etwas vormachen kann.

Also, versuche, inhaltlich mehr zu wissen als Dein Umfeld und baue dadurch Sicherheit und Selbstvertrauen auf. Dann unterstütze das durch eine positive Körperhaltung und innere Überzeugung und Du wirst spürbare Veränderungen sehen. Dein Umfeld wird Dich anders wahrnehmen und mit Dir anders umgehen. Auch Du wirst Dich anders wahrnehmen. Der deutsche Mentalist und Körpersprachenexperte Thorsten Havener hat mal in seiner Fernsehserie ein Experiment mit vier Menschen durchgeführt, um die Auswirkung von Körperhaltung auf die Gedanken zu veranschaulichen. Die Aufgabe war, einen Bungeesprung zu machen. Dazu suchte er sich 2 Personen aus, die springen würden und auch Lust dazu hatten und 2 Personen, die eher nicht springen würden. Was hat Thorsten Havener gemacht? Nun, er sagte zu den 2, die springen wollten, sie sollen eine depressive, demotivierte Körperhaltung einnehmen und diese für 2 Minuten beibehalten. Den anderen 2, die eher nicht springen wollten, sagte er, dass sie eine starke und motivierende Körperhaltung einnehmen sollten, eine Siegerpose – die Arme nach oben in die Luft gestreckt und die Ellenbogen leicht gebeugt, quasi so wie Sportler, die sich über ihren Sieg freuen. Auch sie sollten diese Körperhaltung für 2 Minuten einnehmen. Jetzt kommt das Interessante und dazu benötigten sie nur 2 Minuten. Die 2, die eher nicht springen wollten, sind gesprungen und die, die springen wollten, sind nicht gesprungen. Wahnsinn!

Warum sind die 2 gesprungen, die nicht springen wollten?

Thorsten Havener hat durch die Studie von Amy Cuddy, aus den USA, herausgefunden, dass durch 2 Minuten Siegerpose der Testosteronspiegel bis zu 20 % ansteigt und der Cortisolspiegel bis zu 25 % singt. Testosteron ist der Botenstoff in unserem Körper, der für mehr Selbstvertrauen, Ehrgeiz und Dominanz verantwortlich ist. Und Cortisol ist für unser Stressempfinden verantwortlich. Ist der Cortisolspiegel höher als der Testosteronspiegel, fühlen wir uns unsicher und strahlen ein geringeres Selbstvertrauen aus.

Stelle Dir einmal vor, wie groß die Auswirkungen sein können, wenn wir unsere Körperhaltungen über einen längeren Zeitraum (Monate oder Jahre) beibehalten. Sei es nun negativ oder positiv. Die Auswirkung einer über Jahre hinweg negativen Körperhaltung mag ich mir gar nicht vorstellen. Da kann nur Schlimmes entstehen. Jedoch hat die Studie bewiesen, dass wir durch eine bewusste positive Körperhaltung uns besser fühlen, Sicherheit und Selbstvertrauen ausstrahlen, dass durch das Einnehmen einer Siegerpose unser Testosteronspiegel bis zu 20 % ansteigt und wir uns noch besser fühlen. Probiere es aus! Wenn Du vor einem Gespräch bist – egal ob wichtig oder unwichtig – nutze das Wissen und gehe vorher auf die Toilette und stelle Dich für 2 Minuten in eine Siegerpose. Danach führst Du das Gespräch und bittest am Ende um Feedback, wie Du gewirkt hast. Du kannst die Siegerpose auch täglich nutzen. Zum Beispiel nach dem Aufstehen und bevor Du zu Bett gehst.

Ich freue mich jetzt schon auf die Veränderung, die Du nehmen wirst.

Mit Positionierung meine ich, dass Du für etwas oder für jemanden einstehen solltest. Auch für Dich selbst solltest Du einstehen. Im

Klartext heißt das, signalisiere eindeutig was für Dich in Ordnung ist, was Deine Ziele sind, was Du für Dich willst und wo Deine Grenzen sind. Wer seine Ziele nicht kennt oder nicht weiß, was er will, kann für sich selbst oder für andere keine Grenzen ziehen. Wenn nicht nur Du, sondern auch Dein Umfeld genau wissen, was Du willst, welche Ziele Du hast und wo Deine Grenzen liegen, ist es für Dich einfacher, Dich zu schützen und andere daran zu hindern, über Deine Grenzen zu gehen.

Stehe für Deine Werte ein und verkörpere sie. Stehe zu Dir selbst und verkörpere es.

Du bist Dein wichtigster Kunde!

Sage »NEIN«, dort wo es notwendig ist

An den Scheidewegen des Lebens
stehen keine Wegweiser.

(Charlie Chaplin)

Das Wort »Nein« kann viele Türen schließen und auch Türen öffnen. Daher ist es in der Kommunikation so wichtig, das Nein dort zu platzieren, wo es angebracht ist. Denn das »Nein« kann in manchen Situationen viel zu hart sein und hinterlässt nur verbrannte Erde, weil ein »im Guten auseinandergehen« gar nicht zustande kommen kann. Bevor wir zu voreilig nein aussprechen, sollten wir zuerst einmal in Erfahrung bringen, was unser Gegenüber überhaupt mit seiner Aussage meint und bezwecken will. Dazu möchte ich Dir gern je 1 Beispiel mitgeben, bei dem ein Nein eher unangebracht ist und bei dem ein klares, gut positioniertes und höfliches Nein genau das Richtige ist.

Beispiel 1:

Du sitzt im Bewerbungsgespräch für eine neue Aufgabe, für die Du gutes Fachwissen besitzt, jedoch Dein Wissen erst 3 Jahre in der Praxis zeigen konntest. Dir sitzen 3 Personen gegenüber, wobei eine Person eine klare Vorstellung darüber hat, wie viele Jahre an Berufserfahrung für die Aufgabe mindestens notwendig sind, sie liegt über 3 Jahre. Im Laufe des Gesprächs erhältst Du folgende Aussage: »Das ist eine interessante Vorgehensweise, die Sie bei uns einbringen wollen. Jedoch zeigt mir das, dass Sie von der Aufgabe noch zu wenig Erfahrung haben, um uns weiterzubringen. Ihnen fehlen das Wissen und die Erfahrung.«

Du bist überzeugt von Dir und darüber, dass Du die Aufgabe schaffst. Wie antwortest Du? Nehmen wir mal an, Du antwortest wie folgt:

»Nein, das stimmt nicht. Ich habe genügend Wissen und Erfahrung, die Aufgabe zu meistern. Wie lange muss man denn Ihrer Meinung nach Berufserfahrung vorweisen und wie viel Wissen mitbringen, um die Aufgabe zu schaffen?«

Okay, Aussage gegen Aussage. Wer gewinnt? Oft die Person, die die Behauptung aufgestellt hat, weil Du nun in der Defensive bist und Dich rechtfertigen willst. Das fördert die Aggression, statt Ruhe in die Situation zu bringen. Also anstelle eines »Nein«, wie könntest Du noch antworten? Folgender Vorschlag:

»Ich stimme Ihnen zu, dass Wissen und Erfahrung für diese Aufgabe wichtig sind. Daher investiere ich gern in meine Weiterbildung und baue auf Ihre Unterstützung, damit Sie mit gutem Gewissen sagen können, das passt. Was genau macht für Sie Wissen und Erfahrung aus, was gehört da alles dazu?

Diese Vorgehensweise wird die »Kissen legen« – Lösung genannt. Mit solch einer Antwort wird die »Angriffsenergie« des Gesprächspartners abgefedert – wie mit einem Kissen – und ermöglicht eine souveräne Reaktion und eine konstruktive Fortsetzung des Gesprächs.

Dennoch gibt es Situationen, in denen ein »Nein« ausgesprochen werden kann, ohne Aggression zu schüren.

Beispiel 2:

Du sitzt im Büro bei der Arbeit, es ist kurz vor Feierabend, Du hast später noch eine Verabredung und Dein Chef kommt zu Dir und bittet Dich: »Könnten Sie mir diese Daten in einer Excel-Tabelle zusammenfassen und sie mir heute noch auf den Tisch legen.«

Wie kommst Du nun mit einem »NEIN« gut aus der Affäre?

Lösung 1:

»Chef, das geht heute nicht. Ich habe gleich einen wichtigen privaten Termin, den ich nicht verschieben kann. Tut mir leid.«

Oder Lösung 2:

»Brauchen Sie die Tabelle noch heute Abend? Wenn dem so ist, dann bitte ich Sie, den Kollegen Schmidt zu fragen, weil er heute länger arbeitet und ich gleich einen wichtigen privaten Termin habe und diesen nicht verschieben kann. Wenn die Tabelle bis morgen früh warten kann, komme ich morgen 1 Std. früher ins Büro und erstelle Ihnen die Tabelle sofort.«

Welche Lösung gefällt Dir besser?

Mir gefällt Lösung 2 auch besser. Warum? Weil die Lösung 2 dem Chef Alternativen nennt, mit denen er arbeiten kann. Entweder er fragt Kollege Schmidt oder wartet bis zum nächsten Tag. Wie er sich auch entscheidet, seine Tabelle wird erstellt. Und darum geht es. Wir können und dürfen auch mal »NEIN« sagen, wenn wir unserem Gegenüber Alternativen bieten. Andernfalls wird die Beziehung über kurz oder lang aus dem Gleichgewicht gebracht und zugunsten des Stärkeren verlagert.

Der Dienst am Kunden

Solange man selbst redet,
erfährt man nichts.

(Marie von Ebner-Eschenbach)

Die Qualität der Kundenbetreuung, der Kundenpflege und der Kundenzufriedenheit hat sich durch den Wandel der Wirtschaft enorm verändert. Vor mehr als 20, 30 Jahren war es um einiges einfacher Kundenwünsche und -bedürfnisse zu ermitteln und zu erfüllen. Unternehmen, insbesondere Großunternehmen, waren in der Regel nur von einem oder wenigen Mitbewerbern umgeben und für die Kunden gab es weitaus weniger Möglichkeiten, ihre Lieferanten auszuwählen. Wenn wir uns heute vor Augen führen, wie viele Anbieter je Markt heute existieren, z. B. bei Smartphones, Computer, Serviceleistungen oder anderem, so ist es für uns als Kunde, als würden wir uns im Schlaraffenland befinden. Wir suchen uns heute unsere Anbieter bewusst aus. Auch, wenn es manchmal den Anschein hat, als würde uns das breite Angebot überfordern, so steht für uns als Kunde die geballte Masse an Anbietern zur Verfügung. Mit dem Eintreten der Globalisierung hat sich der wirtschaftliche Kampf unter Unternehmen stark verschärft, weil sich wesentlich mehr Unternehmen für ein bestimmtes Produkt oder eine bestimmte Dienstleistung im Markt präsentieren und somit nicht nur als Konkurrenten sich um Kunden bemühen, nein, sondern auch die Anzahl der potenziellen Kunden ist durch die Globalisierung enorm gestiegen. Unternehmen sind gezwungen, die Anforderungen, Wünsche und Bedürfnisse ihrer Kunden nicht nur in puncto Qualität, sondern auch im allgemeinen Servicegrad schneller und besser als jeder Mitbewerber zu erfüllen. Was vor 20 oder 30 Jahren seelenruhig mal 1 bis 2 Wochen in der Bearbeitung warten konnte, muss in unserer heutigen Marktwirtschaft binnen 24 Stunden oder sogar innerhalb eines 8-stündigen Arbeitstages bearbeitet werden. Das Unternehmen, das es nicht schafft, schnell und hochqualitativ auf die Kundenanfragen zu reagieren, wird schnell ins Abseits geraten und die Herde nur von hinten sehen können. Unternehmen, die die Zeichen der Zeit erkannt haben, sich mit den richtigen Mitarbeitern bewaffnen, schaffen es als Vorreiter in ihrem Markt voranzugehen und nicht nur ihre Bestandskunden zufriedenzustellen, sondern auch potenzielle Kunden richtig anzusprechen und für sich zu gewinnen. Der Dienst am Kunden hat, aus meiner Sicht, heute einen wesentlichen höheren Stellenwert als vor 20 oder 30 Jahren. Insbesondere bei Unternehmen, bei denen der Vertrieb und die Kundenbetreuung als eigenständige Mechanismen fungieren. Der Vertrieb verkauft die Produkte oder Dienstleistung und der Kundenservice betreut den gewonnenen Kunden und setzt die Arbeit vom Vertrieb um. Wie schon erwähnt, gibt es in einigen Unternehmen eine harte Grenze zwischen den Abteilungen Vertrieb und Kundenservice. Teilweise ist die Grenze so strikt und hart, dass beide Abteilungen nicht einmal miteinander reden, weil der Vertrieb andere Ziele verfolgt als der Kundenservice. Obwohl beide Abteilungen unterm Strich ein gemeinsames Ziel haben, den Kunden für sich zu gewinnen und zufriedenzustellen, vergessen sie, genau das in den Vordergrund zu stellen und gemeinsam an einem Strang zu ziehen. Ein Unternehmen, das den Vertrieb und den Kundenservice in zwei Abteilungen unterteilt hat, hat die besondere Aufgabe, dafür zu sorgen, dass das oberste Ziel in beiden Abteilungen gelebt wird, dass die Prozesse und die Struktur dazu dienen, den Kunden zu bedienen oder besser noch zu begeistern und dass beide Abteilungen in der Lage sind, das zusammen zu tun.

So langsam neigen wir uns dem Ende dieses Buches zu. Abschließend möchte ich mit Dir in die Behandlung von Bestandskunden einsteigen. In den folgenden 5 Kapiteln fassen wir die Theorie zusammen und transferieren sie in die Praxis. Genauer gesagt, wie und wo kannst Du die gelernte Theorie in Deiner Praxis anwenden. Dazu zeige ich Dir 5 Möglichkeiten auf, die entweder einzeln angewendet werden können oder auch in Kombination miteinander. Egal, wie Du Dich entscheidest, Du tust das Richtige.

Wie zu Beginn des Buches erwähnt, sind wir umgeben von Kunden. Einmal von unseren Bestandskunden und einmal von unseren Neukunden. Um unsere Bestandskunden stärker an uns zu binden, haben wir bereits die Theorie kennengelernt, die Theorie mit Beispielen und Szenarien praktisch dargestellt und nun fehlt lediglich der bekannte »rote Faden« für mehr Klarheit und Struktur.

Struktur. Gewissermaßen ein Zauberwort, das alles beinhaltet. Ob ich einer gewissen Struktur im Vertrieb und in Verkaufsgesprächen folge, oder im Rahmen meines Jobs nach Prozessen arbeite, die mir auch eine Struktur geben, so ist auch die Bestandskundenpflege und -betreuung strukturiert durchzuführen. Mit Struktur meine ich, die Einhaltung und Durchführung gewisser Aktivitäten, welche nicht chronologisch erfolgen müssen.

Informiere erst Deinen Bestandskunden

Zu wissen und zu handeln sind ein und dasselbe.
(Wan Yang Ming, chinesischer Philosoph)

Egal, was Du machst, sobald es einen Einfluss oder eine Auswirkung auf Deine Kunden hat, behalte die Information nicht für Dich. Ob Unternehmer oder Mitarbeiter, das macht keinen Unterschied. Wenn Du als Unternehmer etwas vorhast, Umstrukturierung, strategische Neuausrichtung, oder, oder, oder, so informiere Deine Kunden darüber. Bist Du Mitarbeiter und gehst bald in Deinen verdienten Jahresurlaub für 3 Wochen, so informiere Deine Kunden frühzeitig darüber.

Versetzte Dich einmal in die Lage eines Deiner Kunden. Ohne Kenntnis der Veränderung im Unternehmen meldet er sich und wird vor vollendete Tatsachen gestellt. Vielleicht wird ihm dadurch auch die Gelegenheit genommen, sein Anliegen zu platzieren. Wie würdest Du Dich im ersten Moment fühlen?

Enttäuscht? Verärgert?

Der Mensch gewichtet nun einmal Negatives höher als

Positives. Und das müssen wir verhindern, wenn wir bei unseren Kunden ein positives Bild von uns behalten wollen.

Wie kann das in der Praxis aussehen?

Wenn ich in den Urlaub gehe, dann führe ich folgende Tätigkeiten durch:

a) 3 Wochen vor meinem Urlaub ergänze ich meine E-Mail-Signatur um einen Satz: Ich bin von ... bis ... im Urlaub und nicht erreichbar. Wenn Sie dringende Anliegen haben, so teilen Sie mir diese bis

1 Woche vor ... mit, damit wir zusammen Ihr Anliegen bearbeiten können.

b) Wenn ich mit Kunden spreche, weise ich sie mündlich auf meine Abwesenheit mit.

Was wird damit erzielt?

Alle meine Kunden, mit denen ich in Kontakt bin, wissen frühzeitig über meine Abwesenheit Bescheid. Und ihnen wird die Alternative gegeben, ihr Anliegen vor oder nach meiner Abwesenheit zu platzieren, je nach Dringlichkeit. Dadurch wird die Entscheidungsgewalt aktiv auf meine Kunden übertragen und sie können ihre Aktivitäten besser planen.

Wenn die Bearbeitung einer Kundenaufgabe länger dauert als geplant, dann informiere ebenfalls Deinen Kunden über die Verzögerung und begründe, warum es länger dauert. So räumst Du Deinen Kunden die Möglichkeit ein, selbst aktiv zu werden. Vielleicht kann er Dich unterstützen, um den Termin einzuhalten, wer weiß.

Ich kann Dir versichern, dass die Verärgerung beim Kunden um einiges geringer sein wird, im Vergleich dazu, dass er erst am vereinbarten Termin über die Verzögerung erfährt, weil ihm dadurch die Möglichkeit genommen wird, selbst aktiv zu werden und zu handeln.

Bei großen Veränderungen im Unternehmen empfehle ich dringend, alle Kunden über einen Brief oder einer E-Mail im Vorfeld zu informieren. So ist sichergestellt, dass jeder informiert wurde, niemand behaupten kann, er hat es nicht gewusst und während der Veränderungen weniger Beschwerden eintrudeln werden, weil Nachsicht und Verständnis beim Kunden im Vorfeld abgeholt wurden.

Letzten Endes ist es doch so, geteiltes Leid ist halbes Leid und wer zusammen im selben Boot sitzt, der rudert in der Regel in die gleiche Richtung.

Sorge für ein gleiches Verständnis

Wer aufhört, besser zu werden,
hat aufgehört, gut zu sein.
(Robert Bosch)

Neben der reinen Informationspflicht Deinerseits ist es ebenso wichtig, ein Okay, das Einverständnis, von Deinem Kunden einzuholen, über die Information, die Du ihm mitgeteilt hast. Generell ist ein einheitliches Verständnis über eine Sachlage von Vorteil, weil Missverständnisse, Unbehagen und Unzufriedenheit vermieden werden können. Doch wie stellst Du das an? Wie bereits in den vorangegangenen Kapiteln beschrieben, ist allein Deine Kommunikationsqualität entscheidend verantwortlich, ob es Dir gelingt, von Deinem Kunden ein klares »verstanden und ist okay« zu bekommen. Hast Du Schwierigkeiten dabei, das wertvolle Wissen, welches Du bereits gewonnen hast, anzuwenden, lasse Dich nicht entmutigen. Auch mir fällt es das ein oder andere Mal schwer, auf Signale zu achten und souverän auf sie einzugehen. Wenn ich in einem Gespräch merke, dass es irgendwie unflüssig verläuft, sich mein Gegenüber vielleicht unwohl fühlt oder ihm noch etwas fehlt, um seine Zustimmung zu geben, versuche ich genauer darauf einzugehen und Schritt für Schritt meinem Gesprächspartner seine Zustimmung zu entlocken, ein einheitliches Verständnis zu erzielen. Ich war einmal in einem Bewerbungsgespräch auf eine Stelle, die ich mir sehr gut vorstellen konnte und bei der ich dachte, dass ich die Aufgabe auch bewältigen kann. Im Gespräch mit den zwei verantwortlichen Personen hatte ich in der Nachbetrachtung das Gefühl, irgendetwas ist für mich unglücklich gelaufen. Nach einer sehr guten Gesprächseröffnung stellte mir eine der beiden Personen eine andere Stelle vor, weil sie der Meinung war, die würde aufgrund meiner Vita besser zu mir passen. Ich habe den Hinweis zwar dankend angenommen, jedoch fokussierte ich mich auf die Stelle, auf die ich mich beworben hatte, weil ich von mir überzeugt war. Was ich nicht gesehen und gehört hatte, war, dass beide Personen wohl anderer Meinung waren und mir lieber etwas anderes anbieten wollten. In der Nachbetrachtung habe ich meinen Fehler erkannt. Ich hatte es nicht geschafft, meine Gesprächspartner davon zu überzeugen, dass ich die richtige Person bin. Ich habe es nicht geschafft, ein einheitliches Verständnis zu erzielen. Ich habe die Situation nicht für mich nutzen können, um genauer nachzuhaken, was konkret fehlt, was ich sagen oder zeigen kann, um die Unsicherheit aufzulösen. Andererseits habe ich die Chance nicht gesehen, die man mir bot. Anstelle mich auf eine Stelle zu versteifen, bei der ich keine Zustimmung meiner Gesprächspartner erzielen konnte, hätte ich den Spielball aufnehmen und näher auf die alternative Stelle eingehen müssen. Ich hätte fragen können: »Wenn ich Sie richtig verstehe, sind Sie eher davon überzeugt, dass Sie mir die alternative Stelle zutrauen als die Stelle, auf die ich mich beworben habe. Welche Bedenken haben Sie? Und was spricht für mich, dass Sie bei mir die alternative Stelle eher sehen? Was genau ist diese alternative Stelle? Vielleicht macht es Sinn, dann eher über die alternative Stelle zu sprechen.

Im Verhältnis über das gesamte Gespräch, welches knapp 2 Stunden andauerte und aus meinem Empfinden sehr angenehm war, war dieser Part ein kleiner Part und dennoch wohl der wichtigste. Oft sind es die kleinen Dinge, die große Auswirkungen bewirken und hier war das der Fall.

Also, wie können wir uns besser auf derartige Gespräche einstellen und generell einen Gesprächsverlauf zu unseren Gunsten leiten. Die Theorie schlägt uns die Kommunikationstreppe vor, die uns eine Struktur gibt, an der wir uns orientieren und entlanghangeln können. Die Kommunikationstreppe beschreibt sehr einleuchtend, wie wir es schaffen, in Gesprächen ein einheitliches Verständnis zu erzielen und erst dann eine weitere Stufe nach oben zu steigen, wenn wir je Stufe unser Ziel erreicht haben. Zur Kommunikationstreppe gibt es in der Literatur viele unterschiedliche Ausführungen. Die folgende finde ich sehr spannend und möchte Dir diese einmal näherbringen.

Bei jeder Treppenstufe muss abgeklärt werden, ob die Stufe erfolgreich genommen worden ist. Im Klartext bedeutet das, dass bei jeder Stufe aktiv ein Einverständnis eingeholt werden muss.

Bei jeder Stufe kannst Du Dir diese Abfolge als Umsetzung einprägen.

Gemeint ist nicht gesagt, gesagt ist nicht gehört, gehört ist nicht verstanden und verstanden ist nicht gemacht.

Wenn Du etwas mitteilen möchtest, dann sage es so, wie Du es meinst (1. Stufe). Vergewissere Dich, dass Dein Gegenüber das von Dir Gesagte auch gehört hat (2. Stufe) und es auch versteht (3. Stufe).

Hört Dein Gegenüber nur und versteht nicht, muss Du so lange etwas sagen, bis Dein Gegenüber es verstanden hat. Wenn Dein Gegenüber Dein Gesagtes nun verstanden hat, heißt es noch lange nicht, dass er es auch akzeptiert. Hier benötigst Du ein klares Zugeständnis (4. Stufe). Dann muss von beiden Seiten etwas getan werden (5. Stufe), damit die gesamte Information von beiden Seiten auch abgespeichert wird (6. Stufe) und beide Seiten sich an das Gespräch auch erinnern können, wenn es notwendig wird.

Du benötigst daher auf jeder Stufe ein Feedback Deines Gegenübers, verbal oder non-verbal. Bekommst Du kein Feedback, dann musst Du eine Stufe runter und so lange verharren, bis Du ein Feedback bekommen hast.

Das liest sich komplizierter, als es ist. Wichtig ist nur, dass wir uns an gewisse Strukturen halten, damit wir unser Kommunikationsziel erreichen und unsere Kunden mit uns auf einem Nenner sind.

Zeige Deinem Bestandskunden Respekt und Wertschätzung

Der Weise fragt nicht, ob man ihn auch ehrt.
Nur er allein bestimmt sich seinen Wert.

(Jonathan Gottfried Seume)

Du kennst die Situationen nur zu gut, in denen unsere Kunden zu aufdringlich sind, uns jeden Tag kontaktieren und nach dem Stand fragen oder einfach nicht wissen, was sie wollen und benötigen und dadurch die Zusammenarbeit zäh wirkt. Wenn das nur auf einen Kunden zutrifft, wäre das doch leicht zu bewältigen. Doch die Realität beweist uns jeden Tag, dass weit mehr als nur 1 Kunde so ist und wir dadurch verleitet werden, uns von Vorurteilen lenken zu lassen.

Hast Du manchmal auch diese Gedanken?

- Mann, der/die schon wieder!
- Was will der/die schon wieder von mir?
- Wieder reist mich der/die aus meiner Arbeit.

Dann lege diese sofort ab!

Sobald Du gestresst und genervt auf Deine Kunden reagierst, überträgst Du Dein Gemüt, auch wenn Du versuchst, freundlich und entgegenkommend zu reagieren, auf Deine Kunden. Wir Menschen sind hochsensibel und spüren sehr wohl Anspannung, Stress und Unruhe bei unserem Gegenüber – auch durch das Telefon. Denn bei Anspannung und Stress verändert sich unsere Stimmlage und wirkt dadurch weniger frei und voluminös.

Respekt und Wertschätzung kannst Du nur zeigen, wenn Du Dich selbst respektierst und wertschätzt und wenn Du Dich in die Situationen anderer versetzen kannst. Denn, niemand will Dir was Schlechtes und schon gar nicht absichtlich. Nimm die Menschen so, wie sie sind. Du bist okay und sie sind okay. Jeder hat sein Päckchen zu tragen und wenn wir uns dem bewusst sind, können wir mehr Verständnis für andere Menschen aufbringen.

Eine respektvolle und wertschätzende Art beinhaltet für mich folgendes: Kommuniziere auf Augenhöhe, sei weder herablassend noch unterwürfig, bleibe immer sachlich und freundlich, unterschreite nie die »Gürtellinie« und werde beleidigend, der Ton macht die Musik – vermeide Aggression in Deiner Stimme und glaube daran, dass jeder Mensch etwas wert ist, egal was sein Wert ist.

Wenn Du Deinen Kunden sachlich und freundlich darauf hinweist, dass er auch mal im Unrecht ist, zeigst Du ihm damit Deinen Respekt und Deine Wertschätzung, weil Du Dich auf ihn und sein Anliegen eingelassen hast. Du hast Dir Gedanken gemacht, was die beste Lösung für ihn ist, und beweist dadurch richtige Kundenbetreuung. Es geht nicht immer darum, einen Wunsch zu erfüllen, sondern vielmehr darum, die Beweggründe für den einen Wunsch zu erkennen. Oftmals verbirgt sich weit mehr hinter einem Wunsch, was genauso wichtig ist wie der Wunsch selbst. Und wenn Du das in Erfahrung bringen kannst, kannst Du Deinem Kunden weit mehr bieten, als nur seinen Wunsch zu erfüllen.

Ein weiterer Punkt ist, verspreche niemals etwas, was Du nicht einhalten kannst. Ansonsten bewirkst Du nur Unzufriedenheit, Deine Glaubwürdigkeit sinkt, weil geschürte Erwartungen bei Deinem Kunden unerfüllt bleiben. Denke an das Kano-Modell. Von Dir gemachte Versprechen bewegen sich bei den Basis- sowie bei den Leistungsfaktoren. Insbesondere bei Versprechungen, die unter den Leistungsfaktoren einzuordnen sind, solltest Du einhalten. Weil Kundenerwartungen von den Leistungs- in die Basisfaktoren wandern und von Deinem Kunden beim nächsten Auftrag wieder erwartet werden. Hat ja schon beim letzten Mal funktioniert. Hüte Dich davor, etwas zu versprechen, was Du nicht einhalten kannst. Ich würde mich als Kunde in irgendeiner Form verarscht und veräppelt vorkommen, wenn mir jemand mit großen Tönen, hoch und heilig etwas verspricht und es nicht einhält, besonders dann, wenn diese Person es von vorneherein wusste, dass sie ihr Versprechen eh nicht halten kann. Ich finde das sehr respektlos und alles andere als wertschätzend meiner Person gegenüber. Lieber vertraue ich auf jemanden, der mir ehrlich sagen kann, was geht und was nicht und sich darauf konzentriert, wie mir geholfen werden kann, auch wenn es über andere Wege geht, als ich mir es vorgestellt habe.

Das ist für mich Respekt und Wertschätzung.

Die Wirkung des persönlichen Gesprächs

Ein freundliches Wort ist mehr Wert als es kostet.

(Ernst Ferstl)

Wenn Du in der Lage bist, persönliche Gespräche mit Deinen Kunden zu führen, dann nutze das so gut es geht. Wie eingangs erwähnt, ist das von Job zu Job unterschiedlich und teilweise überhaupt nicht möglich. Doch dort, wo es möglich ist, erreichst Du mit einem persönlichen Gespräch eine tiefere Bindung und Beziehung zu Deinem Kunden im Vergleich dazu, als hättest Du nicht die Gelegenheit.

Du hast sicherlich schon die Erfahrung gemacht, dass nach einer eher digitalen Kommunikation zu Deinem Kunden nach einem persönlichen Gespräch sich die Zusammenarbeit und die Kommunikation verändert hat. Bei mir war das so. Ich hatte regelmäßigen Kontakt per E-Mail und Telefon zu ausländischen Arbeitskollegen. Über die Zeit hat sich eine gute Beziehung aufgebaut. Als ich dann die Gelegenheit erhielt, meine Arbeitskollegen in deren Büro besuchen zu dürfen, änderte das alles. Nun wurde der Stimme ein Gesicht zugeordnet. Man stellte fest, dass man sich auch optisch sympathisch ist. Durch gemeinsame Zeit beim Essen (Mittag- oder Abendessen), Körperkontakt wie das Händeschütteln oder einer Umarmung verstärkte sich die Beziehung noch einmal. Ich durfte meine Kollegen besser kennenlernen und sie mich. Beidseitig verstanden wir besser einander und konnten mehr Verständnis zueinander aufbauen, insbesondere in Situationen, in denen es sehr hektisch und eilig zuging. Ich wusste, warum ich Reaktionen bekam, die ich bekam und konnte die gesamte Situation besser händeln und zu einem positiven Ergebnis bringen. Im Interesse aller.

Das Schöne an persönlichen Gesprächen ist, dass Du während der Unterhaltung nicht nur verbal Feedback bekommst, sondern auch non-verbal. Was in gewissen Situationen interessanter und wertvoller ist als das verbale Feedback.

Du hast dadurch die Möglichkeit, auf Unstimmigkeiten besser und schneller zu reagieren sowie direkten Einfluss auf die Zufrieden- oder Unzufriedenheit Deines Kunden zu nehmen. Diese Gelegenheit bleibt Dir bei digitaler Kommunikation – Telefon und E-Mail – komplett verwehrt. Du siehst halt nicht, wie Dein Gesprächspartner non-verbal auf Deine Äußerungen reagiert. Rollt er mit den Augen, ist er unaufmerksam, spielt er mit Gegenständen, weicht er auf eine Deiner Äußerungen zurück und fühlt sich persönlich angegriffen. All das bekommst Du nur in einem persönlichen Gespräch mit.

Auch für Deinen Kunden gibt es einige Vorteile, die er aus persönlichen Gesprächen ziehen kann. Er lernt Dich besser kennen und durch den persönlichen Kontakt wird sein Vertrauen in Dich verstärkt, sofern Du Dich neben der Sachebene auch in der Beziehungsebene gut verkaufen kannst. Natürlich gibt es auch Risiken, doch unterm Strich stehen mehr Vor- als Nachteile als Gewicht auf der Waage. Sicherlich, so ein persönliches Gespräch ist zeitaufwändig und kostet Geld. Du musst den Termin planen, ggf. zu Deinem Kunden reisen und vielleicht vor Ort übernachten. In dieser Zeit verlierst Du wertvolle Arbeitszeit und einige Dinge werden unerledigt und liegen bleiben. Doch stelle ich Dir die Frage, was ist für Dich wertvoller, ein zufriedener, treuer Kunde, den Du persönlich kennst oder unbekannte Kunden, die vielleicht nur eine Nummer für Dich sind?

Für Menschen, die Wert auf gute Beziehungen legen sind persönliche Gespräche mit Ihren Kunden das »i-Tüpfelchen«, das »Salz in der Suppe«, um gute, tiefe und nachhaltige Beziehungen aufzubauen.

Halte regelmäßig Kontakt

Unser Leben ist das Produkt unserer Gedanken.
(Marcus Aurelius)

Was heißt für Dich regelmäßig? Täglich, wöchentlich, jährlich? Am besten Du stellst diese Frage Deinem Kunden, wenn es Dir möglich ist. Regelmäßig Kontakt halten kann von Branche zu Branche sehr unterschiedlich gehandhabt werden.

Jeder Mensch fühlt sich geschmeichelt, wenn er hin und wieder kontaktiert wird und man sich nach seinem Wohlbefinden und seinem Job erkundigt. Dein Kunde fühlt sich dadurch wertgeschätzt und beachtet. Außerdem bleibst Du bei Deinem Kunden im Gedächtnis und somit für neue Aufgaben oder Aufträge vielleicht der 1. Ansprechpartner. Solltest Du eher unregelmäßig oder gar selten Deinen Kunden kontaktieren, gefährdest Du möglicherweise Folgeaufträge, weil Dein Kunde nicht mehr an Dich denkt und jemand anderen fragt, sein Anliegen zu bearbeiten. Von daher ist ein regelmäßiger Kontakt zu Deinem Kunden nicht nur aus dem Blickwinkel des Beziehungsmanagements wichtig, sondern auch aus dem vertrieblichen Blickwinkel. Natürlich wird Dein Kunde nicht nach jedem Kontakt Dir einen neuen Auftrag bescheren, doch wer sich überhaupt nicht meldet, bekommt auch nichts. Frei nach dem Motto »steter Tropfen höhlt den Stein«, bleib einfach dran. Wie kann ein regelmäßiger Kontakt aussehen oder umgesetzt werden? Je nach Machbarkeit gibt es verschiedene Ansätze. Einmal das persönliche Gespräch in Form eines jährlichen Auftaktgesprächs zu Beginn des Jahres, oder ein Jahresabschlussgespräch zum Ende des Jahres (was aus vertrieblicher Sicht vorteilhafter ist, weil die meisten Unternehmen Ende des 3. und Anfang des 4. Quartals ihre Budgetplanungen für das Folgejahr machen), wie bereits im vorherigen Kapitel bearbeitet. Dann gäbe es noch das Telefon, was uns die Möglichkeit gibt, mehrmals im Jahr mit unserem Kunden zu sprechen, weil die Terminfindung wie bei einem persönlichen Gespräch entfällt und wir auch bei spontanen Anlässen eben den Telefonhörer in die Hand nehmen und unseren Kunden anrufen können. E-Mail ist auch eine Option, wobei ich hier auf etwas hinweisen möchte. Eine E-Mail in Form eines Newsletters zu verwenden, insbesondere wenn ein Unternehmen digitale Produkte oder physische Produkte über eine Onlineplattform vertreibt und regelmäßige Sonderaktionen und -angebote anbietet, lohnt sich, weil dieser Marketingansatz Zeit und Kosten spart, indem über ein Mailing unzählige Kunden angeschrieben werden können und irgendjemand sich auf die E-Mail positiv zurückmeldet. Das funktioniert sehr gut im B2C Markt jedoch nicht so gut im B2B. Im B2B müssen wir uns bewusst sein, dass unser Kunde neben unseren E-Mails auch weitere E-Mails bekommt, interne wie externe. Und unser Kunde hat hin und wieder Besseres zu tun, als unsere Mailings zu lesen und zu beantworten. Da besteht die Gefahr, dass wir irgendwann als lästig wahrgenommen werden und das hart erarbeitete Guthabenkonto (Beziehungskonto) reduziert wird.

Dein Kunde ist Dein Held

Kennst Du Storytelling? Hast Du Dich schon einmal dabei erlebt, dass Du einen richtig guten Film immer wieder sehen kannst, weil Dich die Geschichte, die Handlung, so gefesselt und Dich begeistert hat? Hörst Du auch gespannt zu, wenn jemand in Deinem Beisein eine interessante Geschichte erzählt?

Dann bist Du wie viele andere vor Dir gespannter Zuhörer von Storytelling geworden. Gute Geschichten sind der Ursprung von Legenden und Mythen. Sie überdauern Jahrhunderte und Jahrtausende und ziehen heute noch die Menschen in ihren Bann. Oder wie erklärst Du Dir die Film- und Büchererfolge von Harry Potter, Robin Hood, Titanic, Sherlock Holmes, Sparta gegen die Perser, Herr der Ringe und noch viele mehr. Geschichten sind der Leim für gute und nachhaltige Bindungen zwischen Menschen.

Jede gute, erfolgreiche und bekannte Geschichte beruht auf demselben Aufbau. Es gibt einen Helden, der mit seinem Problem auf einen Mentor trifft. Zusammen schmieden sie einen Plan, mit dem der Held auf Reisen geht, um sein Abenteuer zu bestehen. Wenn Du es schaffst, dass Du Deinen Kunden zum Helden und Dich zum Mentor machst, dann setzt Du den Grundstein für eine wertschätzende und tiefe Kundenbindung. Das Gegenteil wird eintreffen, wenn Du Dich als Helden und Mentor siehst und das so verkaufst, weil Du dadurch dem Kunden keinen Raum bietest, sich einzubringen. Schauen wir uns das mal grafisch an.

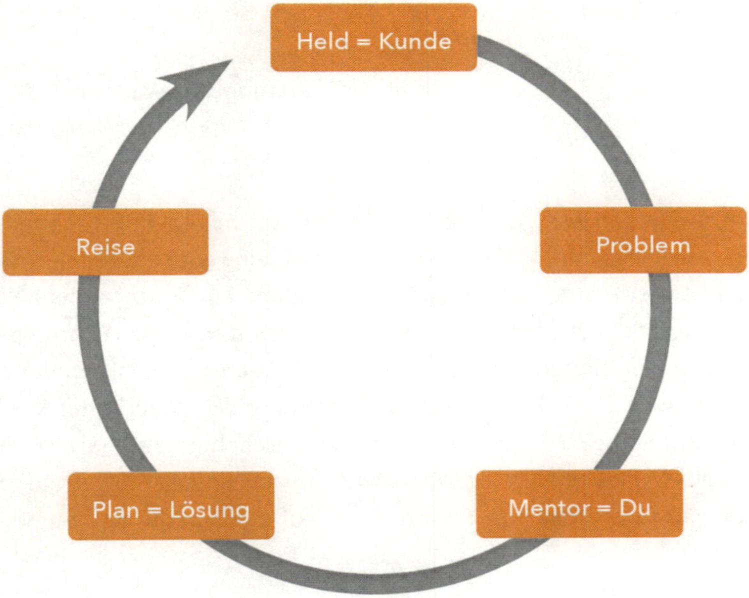

Nutze die Kraft des Storytellings, um Deinem Kunden das Gefühl zu geben, das er bei Dir richtig aufgehoben ist und er den Eindruck bekommt, dass Du sein Problem lösen kannst.

Du als Führungskraft in der Kundenbetreuung

Im Lob ist mehr Zudringlichkeit als im Tadel.
(Friedrich Nietzsche)

Jetzt befassen wir uns mit einem Thema, was mir ebenfalls sehr am Herzen liegt, weil ich der Meinung bin, dass eine gute oder schlechte Kundenbetreuung und die damit verbundene Kundenzufriedenheit aktiv von der Führung beeinflusst werden kann. Wenn Du Führungskraft in der Kundenbetreuung bist und ein Team von x Mitarbeitern verantwortest, welchen Einfluss hast Du auf die Qualität der Kundenbetreuung? Wie kannst Du aktiv die Geschehnisse steuern? Fällt Dir auf Anhieb etwas ein? Worauf möchte ich hinaus? Ich verrate es Dir. Mir fallen folgende Faktoren ein, auf die Du Einfluss nehmen kannst.

a) Die Auswahl der Mitarbeiter
b) Die Arbeitsumgebung (Büroeinrichtung)
c) Das Wohlbefinden, die Stimmung Deiner Mitarbeiter
d) Die Kommunikationsrichtlinie zu den Kunden
e) Der Prozess zur Bearbeitung der Aufträge
f) Die Qualifikation Deiner Mitarbeiter
g) Dein Führungsstil

Gehen wir Punkt für Punkt der Reihe nach durch.

Die Auswahl Deiner Mitarbeiter

Die Auswahl Deiner Mitarbeiter ist der Grundstein für eine gute Kundenbetreuung. Doch wie findet man die richtige Person. Wie bereits im Kapitel »Kommunikation mit dem Kunden« beschrieben, sind wir Menschen in 4 wesentliche Charaktere eingegliedert (das 4-Farben-

Modell). Wir können uns die Charaktertypen nicht nur im Vertrieb oder in der Kundenbetreuung zunutze machen, sondern auch bei der Wahl der richtigen Mitarbeiter. Mir hat folgendes Koordinatenkreuz in Vorstellungsgespräch dabei geholfen, einen Bewerber richtig einzuschätzen.

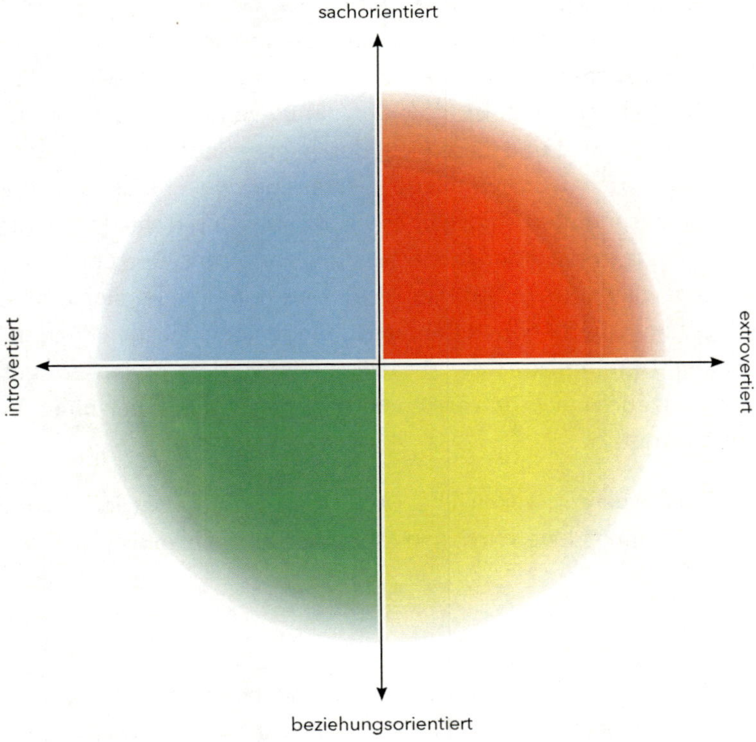

Ich habe im Bewerbungsgespräch das Koordinatenkreuz auf ein Flipchart oder Whiteboard gemalt, ohne die Farbzuordnung und habe der/die Bewerber/in gefragt, wo er/sie sich im Koordinatenkreuz sieht. Sind sie eher sach- oder beziehungsorientiert und eher intro- oder extrovertiert? Das Ergebnis, welches ich erhalten habe, hat mir bei meiner Entscheidungsfindung für oder gegen den/r Bewerber/in geholfen. Denn bei der Kundenbetreuung ist es aus meiner Sicht wichtig, Menschen einzusetzen, die beziehungsorientiert sind. Wenn sich also ein Mensch auf eine Stelle in der Kundenbetreuung bewirbt und vom Charakter eher sachorientiert ist, wird es diesem Menschen sehr schwerfallen, in dieser Stelle erfolgreich und zufrieden zu sein. Also schauen wir darauf, wo sich der/die Bewerber/in im Koordinatenkreuz sieht, und können somit direkt eine Verbindung zwischen dem Charakter und unserer freien Stelle herleiten. Das Schöne dabei ist, dass der/die Bewerber/in die Einschätzung selbst macht und diese nicht durch uns geleistet wird. So wird eine Fehleinschätzung vermieden. Unter den zwei Charakteren, die beziehungsorientiert sind, gibt es signifikante Unterschiede, die für den Einsatz in der Kundenbetreuung wichtig sind. Der Charakter, der zusätzlich introvertiert ist, ist für den reinen Innendienst besser geeignet als für den Außendienst, für den persönlichen Kundenkontakt. Der Charakter, der zusätzlich extrovertiert ist, ist sehr gut geeignet, auch mal in den Außendienst zu gehen und in den direkten Kundenkontakt.

Also, achte darauf, wer sich bei Dir für welche Stelle bewirbt, damit Du von Beginn an den richtigen Menschen auswählen kannst.

Die Arbeitsumgebung

Wer in einer tristen, sterilen und öden Umgebung arbeitet und über einen längeren Zeitraum dieser Wirkung ausgesetzt ist, wird irgendwann selbst die Wirkung in sich und nach außen tragen.

Ich habe mal in einem Unternehmen gearbeitet, welches nach einer gründlichen Renovierung und Einrichtung in Großraumbüros verboten hat, persönliche Dinge wie Bilder, Fotos und Gegenstände an seinem Arbeitsplatz zu stellen. Du kannst Dir sicherlich die Reaktionen der gesamten Belegschaft gut vorstellen. Alle waren empört, enttäuscht und verärgert. Der Arbeitsplatz und das gesamte Büro wirkten steril und leblos. Was glaubst Du, wie haben die Mitarbeiter sich ihren Aufgaben gewidmet? Genau, leblos und unmotiviert. Bis das in der Geschäftsleitung bewusst wahrgenommen wurde und umgehend wurden spezielle Pflanzen aufgestellt, welche pflegeleicht und besonders für Büros geeignet waren. Danach stiegen die Stimmung und die Motivation der Mitarbeiter und nach und nach wurden einige Verbote aufgeweicht und die Mitarbeiter durften 1–2 persönliche Dinge am Arbeitsplatz aufstellen.

Wie soll ein Mensch Freude ausstrahlen und mit breitem Lächeln durch das Büro gehen, wenn die Arbeitsumgebung dazu nicht einlädt. Du als Führungskraft hast darauf einen erheblichen Einfluss, die Arbeitsumgebung so einzurichten, dass sich Deine Mitarbeiter am Arbeitsplatz wohlfühlen, gerne zur Arbeit kommen und auch für Dich die bekannte »extra Meile« gehen. Der Kunde wird es merken, ob sein/e Ansprechpartner/in gut oder schlecht gelaunt, motiviert oder demotiviert ist. Wenn ich es doch beeinflussen kann, dann tue ich doch dafür alles, damit mein Kunde einen motivierten und gut gelaunten Ansprechpartner hat und am Ende des Tages zufrieden ist.

Das Wohlbefinden, die Stimmung Deiner Mitarbeiter

Das Wohlbefinden und die Stimmung bei Deinen Mitarbeitern werden unter anderem durch die Arbeitsumgebung beeinflusst, das haben wir nun erkannt. Was kann noch auf die Stimmung und das Wohlbefinden der Mitarbeiter positiven Einfluss nehmen? Vielleicht Teamevents oder Sonderleistungen wie Prämien, Zuschüsse und Weiterbildungen? Wie sieht es mit regelmäßigen Gesprächen mit Deinen Mitarbeitern aus, in denen Du Dich über deren Stimmung und Wohlbefinden ehrlich erkundigst und ihnen auch ein positives Feedback gibst? Ich würde sagen, dass alle Vorschläge zu einer positiven Stimmung und einem positiven Wohlbefinden beitragen, wenn Deine Mitarbeiter in den Genuss dieser Vorzüge kommen.

Wer sich nicht um seine Mitarbeiter kümmert, darf sich nicht wundern, wenn die Qualität und Quantität der Leistung einbrechen und Kunden unzufrieden werden. Ein wesentlicher Bestandteil der Führung ist, auf seine Mitarbeiter einzugehen und zu wissen, was sie beschäftigt. Nur so kannst Du als Führungskraft einwirken und führen. Jeder Mensch möchte gesehen werden, er möchte sich mitteilen und er wünscht Anerkennung – egal wie diese vermittelt oder gezeigt wird. Wenn Du es schaffst, dass Dich Deine Mitarbeiter respektieren und wertschätzen und gern zur Arbeit kommen, weil sie in ihrem Job gestalten dürfen, sich austauschen können und auch bei Dir das ein oder andere Mal ihre Sorgen mitteilen dürfen, so wirst Du nicht nur zufriedene Mitarbeiter haben, die ihre Kunden zufriedenstellen, sondern Du wirst darüber hinaus loyale Mitarbeiter haben.

Die Kommunikationsrichtlinie zu den Kunden

Richtlinien und Regeln sorgen für Struktur und Sicherheit darüber, dass nicht jeder das machen kann, was ihm beliebt. Der Rahmen, in dem sich Deine Mitarbeiter frei bewegen dürfen, ist wichtig und Du hast die Verantwortung, diesen Rahmen zu bauen. Innerhalb des Rahmens gibt es Eckpfeiler als Stützen und Orientierungspunkt für die Mitarbeiter. Einer dieser Eckpfeiler ist die Kommunikation sowie die Arbeitsprozesse (auf die wir im nächsten Punkt näher eingehen). Eine Kommunikationsrichtlinie hilft dabei, eine wertschätzende und respektvolle Kultur in einem Unternehmen zu etablieren und diese Kultur nach außen zu tragen und Kunden genau so abzuholen, wie es intern Usus ist. Außerdem macht eine Richtlinie es möglich, Ausreißer wieder zurück in den Rahmen zu geleiten. Welche Begriffe springen Dir in den Kopf, wenn Du an eine Kommunikationsrichtlinie denkst?

Vielleicht:

- Offenheit
- Höflichkeit
- Rechtschaffenheit
- Hilfsbereitschaft
- Vertraulichkeit
- Respekt

Vielleicht auch noch mehr.

Was soll mit einer Kommunikationsrichtlinie verhindert werden? Ich gebe Dir ein Beispiel aus der Praxis:

Eine Mitarbeiterin erhält eine E-Mail von einem ihrer Kunden, in der ihr Kunde eine Frage beantwortet haben möchte. Die Bearbeitung der Frage benötigt in etwas 4 – 6 Stunden, weil die Mitarbeiterin mit Kollegen und Vorgesetzten sprechen muss und Formulare erstellt werden müssen. Die Mitarbeiterin entscheidet sich dazu, ihrem Kunden eine Antwort zu schreiben, was grundsätzlich richtig ist. Nun schreibt sie folgenden Antworttext:

Sehr geehrter Herr ... ,

vielen Dank für Ihre E-Mail. Leider schaffe ich es nicht, Ihre Frage kurzfristig zu beantworten, weil ich an einem anderen Vorgang arbeite, welcher wichtiger ist als Ihrer. Ich melde mich wieder bei Ihnen.

Mit freundlichen Grüßen
...

Fällt Dir etwas auf, was die Mitarbeiterin richtig und falsch gemacht hat?

Richtig, sie hat mit ihrer Antwort den Kunden darüber informiert, dass seine E-Mail angekommen ist. Das ist schon mal gut. Dann hat sie ihrem Kunden mitgeteilt, dass sie noch an einem Vorgang arbeitet und nicht sofort antworten kann. Auch gut. Obwohl sie das charmanter hätte formulieren können. Was jedoch ein absolutes No-Go ist, dass sie ihrem Kunden schreibt, er oder sein Vorgang wären unwichtig, weil etwas anderes wichtiger ist und dann einfach und ohne Zeitangabe zu bemerken, sie meldet sich wieder. Sicherlich hatte sie gute Absichten, jedoch war die Umsetzung schlecht. Die Signalwirkung beim Kunden ist verheerend. Tut mir leid, lieber Kunde, aber Du bist so unwichtig für uns, dass Du Dich hinten an die Schlange stellen musst, bis Du dran bist. Wie würdest Du Dich als Kunde fühlen, wenn Dir so eine Antwort vom Lieferanten oder Dienstleister gesendet wird?

Und diese E-Mail wurde sogar als Nachweis im ERP-System abgelegt.

Wie hätte die E-Mail besser sein können?

Beispiel:

Sehr geehrter Herr …,

vielen Dank für Ihre E-Mail und Ihrer Frage. Ich habe mir Ihren Sachverhalt kurz angesehen und möchte Ihnen mitteilen, dass ich dafür einige Zeit benötige, um Ihnen eine fachkundige Antwort liefern zu können. Ist es in Ordnung, dass ich mich dazu morgen oder übermorgen bei Ihnen zurückmelde? Bis dahin weiß ich mehr.

Mit freundlichen Grüßen
…

In der Kundenkommunikation sollte darauf geachtet werden, dass sich jeder Kunde gehört und verstanden fühlt. Interna bleiben Interna und jeder Kunde wird in der Kommunikation gleichbehandelt, egal wie groß und wie viel Umsatz verdient wird. Ein kleinerer Kunde kann manchmal mehr Schaden anrichten als ein größerer und vielleicht verbirgt sich hinter kleineren Kunden viel mehr, als gedacht war.

Der Prozess zur Bearbeitung der Aufträge

Manchmal ist der Kunde dennoch unzufrieden, obwohl der Mitarbeiter der richtige Mensch ist, die Kommunikation richtig ist, die Dienstleistung oder das Produkt auch ansprechend sind. Wenn unser Kunde dennoch unzufrieden ist, kann es durchaus sein, dass der Prozess für die Bearbeitung seines Vorgangs dafür verantwortlich ist, dass unser Kunde unzufrieden ist. Der Prozess ist viel zu lang oder viel zu kompliziert, weil viele Personen beteiligt sind – z. B. Fachleute. Dadurch verzögert sich der Prozess unnötig, weil benötigte Entscheider nicht da sind oder zu viele Aufträge auf dem Tisch liegen, um zeitnah ihre Entscheidungen zu fällen und der Prozess fortgeführt werden kann. Vielleicht erfüllt der Prozess strikte Vorgaben, die ausschließlich von intern kommen und von niemandem extern gefordert sind. In solchen Fällen knebelt sich ein Unternehmen selbst die Hände hinter dem Rücken fest und macht sich handlungsunfähig.

Von daher ist es als Führungskraft Deine Verantwortung und Aufgabe, dafür Sorge zu tragen, dass die Prozesse so gestaltet sind, dass die Kundenanforderungen zu 100 % erfüllt werden und die Zufriedenheit der Kunden gewährleistet ist. Neue Vorgaben müssen zuerst analysiert und bewertet werden, bevor sie in die Prozesse implementiert werden. Sind es ausschließlich interne Vorgaben ohne jegliche Verbindung nach extern, sind diese von Grund auf infrage zu stellen. Denn Prozesse sollen dabei helfen, effektiv und effizient die Kundenanforderungen zu erfüllen. Jede Verkomplizierung der Prozesse gefährdet die Kundenzufriedenheit und auch die Zufriedenheit der Mitarbeiter. Wer hat schon Lust darauf, sich an komplizierte Prozesse zu halten und ständig dem Kunden zu erklären, warum etwas gerade nicht geht und unter erschwerten Bedingungen um die Kundenbindung und -zufriedenheit kämpfen. Denn, sobald die Dienstleistung oder das Produkt austauschbar sind, weil andere Unternehmen diese ebenfalls anbieten, wird sich unser Kunde irgendwann die Frage stellen, muss ich mir das antun, das geht bestimmt besser? Und schon wird er nach Alternativen suchen und sich irgendwann gegen uns entscheiden müssen. Und die Mitarbeiter können anfangen, neben den Prozessen zu arbeiten und bauen dadurch ein Subsystem auf.

Von daher achte darauf, dass die Prozesse schlank, leicht zu verstehen sind und gut von der Hand gehen.

Die Qualifikation Deiner Mitarbeiter

Die Qualifikation der Mitarbeiter ist insofern hilfreich, die Kundenzufriedenheit zu gewährleisten, weil durch gut ausgebildete Mitarbeiter zum einen Fachkräfte entlastet, Prozesse zügiger abgewickelt und Kunden besser bedient werden. Wenn ein Mitarbeiter im direkten Kontakt mit dem Kunden Antworten auf seine Fragen liefern kann, auch wenn die Fragen fachlich in die Tiefe gehen, fühlt sich nicht nur der Mitarbeiter besser, sondern auch unser Kunde, weil er direkt die Erfahrung macht, dass seine Fragen ohne wesentlichen Zeitaufwand beantwortet werden und er sich wieder anderen Aufgaben widmen kann.

Dir sollte daher viel daran gelegen sein, entweder qualifizierte Mitarbeiter zu finden und einzustellen oder Deine Mitarbeiter kontinuierlich zu qualifizieren. Durch interne oder externe Schulungen, oder durch Dein Coaching. Dafür benötigst Du das Wissen über Deine Mitarbeiter, wie gut sie qualifiziert sind, welche Fähig- und Fertigkeiten sie noch benötigen, um für jeden Mitarbeiter seinen individuellen Schulungsplan erstellen zu können. Bedenke, es ist ein Irrglaube, dass Mitarbeiter sich absichtlich teuer ausbilden lassen und dann den Arbeitgeber verlassen, um das erlangte Wissen für ein höheres Gehalt woanders einzusetzen. Studien belegen, dass mit Abstand der häufigste Grund (ca. 80%) warum Mitarbeiter den Arbeitgeber verlassen die direkte Führungskraft ist. Hier fallen Faktoren wie mangelnde Anerkennung, der Verlust an Vertrauen, mangelnde Unterstützung und ähnliches in die Waagschale.

Dein Führungsstil

Was glaubst Du, wie sollte Dein Führungsstil in der Kundenbetreuung sein? Autoritär oder kooperativ? Bevor wir uns die Frage beantworten, möchte ich einmal auf beide Führungsstile eingehen und mit Dir zusammen schauen, welche Begebenheiten müssten denn je Führungsstil vorhanden sein, damit die Kundenbetreuung funktioniert.

Okay. Der autoritäre Stil umfasst den Prozess vom Kommandieren zum Kontrollieren und dann zum Korrigieren. Das bedeutet, wenn Du als Führungskraft autoritär Deine Mitarbeiter führst, musst Du besser in der Kundenbetreuung sein als Deine Mitarbeiter (Mitarbeiterqualifikation ist nebensächlich). Denn Du musst ihnen genau vorgeben, wie sie die Kunden betreuen sollen, mit welchem Begrüßungstext sie den Kunden am Telefon begrüßen, wie der Inhalt von E-Mails oder Briefe geschrieben werden soll und wie schwierige Situationen gelöst werden. Dann musst Du das alles kontrollieren, ob jeder Mitarbeiter Deinem Kommando gefolgt ist und wenn es Fehler gab, dann hast Du die Fehler zu korrigieren und daraus neue Vorgaben und Kommandos zu formulieren. Das einmal in Kurzfassung. Glaubst Du, dass Du als autoritäre Führungskraft die Zeit hast, alles allein zu managen? Ich denke nicht! Und, glaubst Du, dass der autoritäre Führungsstil der ideale Stil in der Kundenbetreuung ist? Bevor Du diese Frage beantwortest, lass uns kurz den kooperativen Führungsstil ansehen. Als kooperative Führungskraft förderst Du Deine Mitarbeiter. Im Klartext bedeutet das, dass Du Deine Mitarbeiter qualifizierst und ihnen einen Rahmen schaffst, in dem sie sich frei bewegen und entscheiden können. Hast Du das getan, forderst Du Deine Mitarbeiter anhand ihrer Qualifikationen und ihres Rahmens. Das bedeutet, dass Du von Deinen Mitarbeitern forderst, besser zu werden, damit sie komplexere Aufgaben übernehmen können, damit sie mehr entscheiden können und dadurch einen höheren Mehrwert für sich und das Unternehmen schaffen. Damit das Fördern und Fordern im Einklang stehen, benötigst Du Informationen von Deinen Mitarbeitern, welche Du aus gemeinsamen Gesprächen bekommst, sogenannte Feedback-Gespräche. In diesen Gesprächen erfährst Du, wie es Deinen Mitarbeiter ergeht, was deren Bedürfnisse und Ziele sind, was sie von Dir halten und erwarten und wo sie sich im Team und im Unternehmen sehen. Denn manchmal ist es so, dass ein Mensch ungeahnte Interessen hat, die dazu führen, dass dieser Mensch für andere Aufgaben besser geeignet ist als für die vorliegenden, weil ihm einfach einige Dinge mehr Spaß machen als andere.

Welcher Führungsstil ist Deiner Meinung nun der geeignetste für die Führung eines Teams in der Kundenbetreuung?

Ich finde, dass der kooperative Führungsstil besser geeignet ist als der autoritäre. Warum sehe ich das so? Weil ich der Meinung bin, wenn sich ein Mensch in der Kundenbetreuung an seinem Arbeitsplatz wohlfühlt, Freude und Spaß daran hat, seine Arbeit zu erbringen, diese Freude auf seine Kunden überträgt und die Kunden ebenfalls Spaß haben und erfreut sind, sich mit dem Menschen zu umgeben und sich dadurch gut aufgehoben fühlen. Und, weil ein Mensch unter einer kooperativen Führung sein volles Potenzial ausschöpfen kann und dadurch einen höheren Mehrwert für sich, das Unternehmen und den Kunden schafft. Weil der Mensch mitdenkt, sich selbst hinterfragt, den Prozess hinterfragt und durch eigene Ideen dazu beiträgt den Kundenservice weiterzuentwickeln. Ein Mensch, der mitgestalten kann und darf – sofern er es will – fühlt sich anerkannt, gesehen und gehört und wertgeschätzt, weil man auf sein Urteil und seine Meinung baut. Er ist in der Lage, Entscheidungen selbst zu treffen und aus Fehlern zu lernen. Er ist bereit, Neues zu lernen und mit mehr Wissen kann er seine Kunden besser bedienen, weil er aussagefähig ist.

Zusammenfassend können wir festhalten, dass ein Mensch aus dem gelben und grünen Quadranten, mit der Motivation selbst wachsen zu wollen, gern mit Menschen arbeitet und Freude daran hat, gestalten zu können. Er ist der ideale Kundenbetreuer. Und dieser Menschentyp geht unter einem autoritären Führungsstil ein wie eine Pflanze mit wunderschönen Blüten.

Danke an …

Wer andere kennt, ist gelehrt.
Wer sich selbst kennt, ist weise.
(Laotse)

Mein erster Dank geht an meine Eltern. Sie sind dafür verantwortlich für das, was ich heute bin. Sie haben mit ihrem Einfluss dafür gesorgt, dass ich stets respektvoll und mit Achtung meinen Mitmenschen gegenübertrete. Dann möchte ich meinen ehemaligen Arbeitskollegen und Führungskräften dafür danken, dass ich über die letzten 20 Jahre viele Beispiele für gute oder auch schlechte Kundenbetreuung erfahren durfte, wie die Kommunikation im beruflichen Leben den Erfolg und Misserfolg zu Kunden beeinflusst und dass mir durch diese Erfahrung der Grundstein für dieses Buch gelegt wurde. Dann möchte ich meinen Freunden und meiner Frau dafür danken, dass sie mich in meinen Vorhaben unterstützt und bestärkt haben. Ohne Euch alle wäre dieses Buch nicht möglich gewesen. Vielen Dank.

Ich möchte Dir, lieber Leser, liebe Leserin, danken, dass Du bis zum Schluss durchgehalten und mein Buch zu Ende gelesen hast, auch wenn mein Buch kein literarisches Meisterwerk ist. Das war auch von Beginn an nicht mein Ziel. Für mich war es wichtig, in einfacher Sprache, präzise und ohne lange Umschweife Dir meine Perspektive zu zeigen, meine Erfahrungen zu schildern und Dir damit einen Anstoß geben zu dürfen, dass Du Deine Kundenbetreuung hinterfragen und Du mit dem, aus meiner Sicht, wichtigen Wissen Deine

Kundenbetreuung und Deine Kommunikation auf eine neue Ebene heben kannst.

Ich hoffe, Du hattest viel Freude beim Lesen und Du konntest einiges für Dich mitnehmen. Ich wünsche Dir viel Erfolg beim Ausprobieren und Umsetzen.

Und denke immer daran, Du bist Dein wichtigster Kunde! Erst wenn Du glücklich und zufrieden bist, kannst Du andere glücklich machen und zufriedenstellen.

Lass uns zusammen die Welt ein bisschen besser machen.

Viele Grüße

Fabian

Und falls Du eine neue Welt als Kunde erleben möchtest, dann folge einfach diesem Link.

https://cbw.to/dxotz7

Literatur

Bücher, die mich inspiriert haben:

Dale Carnegie: Wie man Freunde gewinnt, Fischer Verlag 2019

Prof. Dr. Jack Nasher: Deal! – Du gibst mir, was ich will, Goldmann Verlag 2015

Thomas A. Harris: Ich bin o. k., Du bist o. k., Rowohlt Verlag 2019

Inazo Nitobe: Bushido, der Ehrenkodex der Samurai, Anaconda Verlag 2006

Prof. Dr. Jack Nasher: Entlarvt!, Goldmann Verlag 2019

Kenneth Blanchard, Sheldon Bowles: Wie man Kunden begeistert, Rowohlt Verlag 2000

Prof. Dr. Jack Nasher: Überzeugt!, Goldmann Verlag 2019

John Strelecky: The Big Five for Life – was wirklich zählt im Leben, dtv Verlag 2009

Lucas Lambert: Charisma Mensch, 2019

Tobias Beck: Unbox Your Life, GABAL Verlag 2018

Julius Löwenstein: Rhetorik – Reden wie ein Profi, 2018

Julius Löwenstein Körpersprache – Menschen lesen, 2019

Julius Löwenstein: Schlagfertigkeit – nie mehr sprachlos, 2019

Julius Löwenstein: Smalltalk – Freunde gewinnen, 2018

John P. Kotter: Leading Change, Vahlen Verlag 2018

Autorbiografie

Fabian Kosenitzky ist 27.09.1978 in Hamburg geboren und aufgewachsen. Er ist verheiratet und Vater eines Sohnes. Schon im Alter von 16 Jahren begann seine Reise im Kundenservice, als Aushilfe im Einzelhandel im Kundenservice. Fabian Kosenitzky sammelte weitere Erfahrungen in den Branchen Finanzdienstleistung, Sport, Gastronomie und allgemeine Dienstleistung (B to B). In den über 20 Jahren Erfahrungen hat Fabian Kosenitzky mehr als 1000 Menschen (Kunden) betreut und dabei festgestellt, worauf es im Kundenservice ankommt, was funktioniert und was nicht sowie was ein richtiger Kundenservice ist. Fabian Kosenitzky erlebte den Kundenservice in seinen Hochs und Tiefs und hat sich 2018 dazu entschlossen sein Wissen und seine Erfahrungen anderen zur Verfügung zu stellen. Ein Auszug dessen ist in diesem Buch verarbeitet.